第 2 代 VEX IQ 智能机器人入门：
编程、案例、竞赛详解

主　编　李　哲　孙　茜　朱　兵
副主编　张柏青　李　怡　赵　辉　朱世明
参　编　王天威　屈小蕉　陈文静　刘　洋　刘　旭　李　燕
　　　　程　波　李　岩　吴嘉宝　聂星雪　李金花　张林峰

机械工业出版社
CHINA MACHINE PRESS

本书重点讲解 VEX IQ 第二代机器人编程、案例、竞赛等内容的全面知识和实践。VEX IQ 第二代为最新发布的 VEX IQ 机器人教学、竞赛套装。本书讲解了 VEX IQ 第二代机器人新增加的硬件、传感器设备，以及新的图形化编程软件的使用方法。本书凝聚了作者多年教学、参赛经验，系统总结了 VEXcode IQ 软件对 VEX 机器人进行编程和设计的方法、技巧及注意事项。通过丰富有趣的实战案例帮助读者快速学会搭建、编程、控制机器人，并在比赛中取得优秀成绩。

本书可以作为 VEX 机器人初学者的学习用书，也可以作为参与机器人教学、竞赛的教师与学生的培训教材和参考用书。

图书在版编目（CIP）数据

第 2 代 VEX IQ 智能机器人入门：编程、案例、竞赛详解 / 李哲，孙茜，朱兵主编 . —北京：机械工业出版社，2024.2
ISBN 978-7-111-75070-3

Ⅰ . ①第… Ⅱ . ①李… ②孙… ③朱… Ⅲ . ①智能机器人 – 基本知识
Ⅳ . ① TP242.6

中国国家版本馆 CIP 数据核字（2024）第 036748 号

机械工业出版社（北京市百万庄大街 22 号　邮政编码 100037）
策划编辑：林　桢　　　　　　责任编辑：林　桢
责任校对：甘慧彤　王　延　　封面设计：马若濛
责任印制：张　博
北京建宏印刷有限公司印刷
2024 年 3 月第 1 版第 1 次印刷
184mm×260mm ·15.5 印张 ·392 千字
标准书号：ISBN 978-7-111-75070-3
定价：109.00 元

电话服务　　　　　　网络服务
客服电话：010-88361066　机 工 官 网：www.cmpbook.com
　　　　　010-88379833　机 工 官 博：weibo.com/cmp1952
　　　　　010-68326294　金 书 网：www.golden-book.com
封底无防伪标均为盗版　机工教育服务网：www.cmpedu.com

前　言

　　本书系统介绍了 VEX IQ 第二代机器人的搭建、编程等内容，在每个案例中，通过对目标概要、动手体验、成果评估、思维训练和学习活动等方面的介绍告诉读者如何设计机器人。本书突出的特点就是在案例讲解中，注意培养学生的创新思维能力。

　　VEX 机器人世界锦标赛（世锦赛）是由机器人教育及竞赛基金会（Robotics Education and Competition Foundation）发起，美国卡内基梅隆大学（CMU）、未来基金会（The Future Foundation）、欧特克（Autodesk）公司、创首国际（IFI）公司、英泰励科（Intelitek）公司等协办，美国国家航空航天局（NASA）、易安信（EMC）公司、亚洲机器人联盟（Asian Robotics League）等组织支持的一项旨在通过推广教育型机器人，拓展中小学生和大学生对科学、技术、工程和数学领域的兴趣，提高青少年的团队合作精神、领导才能和解决问题能力的世界级大赛。VEX 机器人竞赛也是中国科学技术协会举办的中国青少年机器人大赛中观赏性很强的科技竞赛，吸引了大量的青少年科技爱好者参与。

　　VEX 机器人世锦赛各级别比赛包括地方赛（如北京赛）、中国赛、亚洲公开赛和世界锦标赛。比赛所涉及的机器人不仅可用于比赛，同时也是学生学习机器人、进行科技创新活动的平台，可以让教师和学生了解并开展与 STEAM 有关的课程，从而更好地发挥他们的聪明才智。目前全世界参加 VEX 机器人世锦赛的队伍达到了 16000 多支，人数达到上百万，仅北京市就有 200 多所学校组队参加此项比赛，所以 VEX 机器人市场需求量大。

　　本书总结了作者多年关于机器人教学和比赛的经验，系统介绍了 VEX IQ 机器人的搭建、编程等内容。本书所使用的机器人是 VEX IQ 智能机器人套装，简单易学，能够搭建出复杂的机械结构。使用的软件是专为中小学生开发的一种简易的图形化编程软件。它通过像搭积木一样的方法，利用"控制""动作""函数""外观""声音"等模块中的积木，帮助你设计出自己的算法或者进行人机交互，同时可以用它创造出属于你自己的机器人并进行操控运动。本书通过大量的机器人实例和搭建配图，讲解机器人的机械结构搭建，详细介绍了机器人搭建的基本技术原理和应用，并且鼓励学生去想象和思考，从而构建出自己的机器人。同时特别注意在辅导学生动手学习的同时，拓展学生的创新思维能力。

本书可以作为 VEX 机器人初学者的学习用书，也可以作为教师与学生准备机器人比赛的参考用书和学校开展机器人教学的教材，还可以作为比赛举办方培训教练员和开展创客教育的认证教材。

由于编写的资源内容来源庞杂，加上作者水平有限，书中难免存在疏漏和问题，恳请广大读者批评指正！

目 录

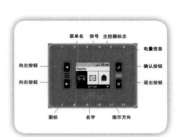

第 3 章

创意搭建

第 4 章

VEX IQ 飞金点石（Slapshot）方案

第1章

VEX 介绍

1.1 VEX 公司介绍

创首国际（Innovation First International，IFI）公司创建于 1996 年，最初为自主移动地面机器人生产电子产品，现在是教育和竞技机器人产品的领导者，也是消费机器人玩具的开发商，更是一家研发型高科技企业。创首国际公司开发的 VEX 机器人系统，是全球领先的教育机器人平台，并于 2006 年在美国拉斯维加斯消费电子展（CES）中获得"最佳创新奖"的殊荣。其理念是以创新为先导，设计、制造简约而精致的产品。

创首国际总部

创首国际产品

利用公司在电气和机械工程方面的核心竞争力，其 RackSolutions 部门于 1999 年成立，目标是成为"机架安装问题解决者"，RackSolutions 现在与所有主要计算机原始设备制造商密切合作，为各种规模的数据安装提供定制安装解决方案和行业范围内的机架兼容性。2008 年创首国际推出 HEXBUG 消费机器人玩具系列，扩大了其在零售玩具市场的影响力。

VEX 机器人是美国国家航空航天局（NASA）、易安信公司（EMC）、雪佛龙公司、德州仪器公司、诺斯罗普·格鲁曼公司等公司大力支持的机器人项目。学生可以发挥自己的创意，根据当年发布的规则，用手中的工具和材料创作出自己的机器人。

VEX 机器人设计系统是领先的课堂机器人平台，旨在培养机器人技术和科学、技术、工程和数学（STEM）相关教育知识。机器人技术不仅是未来，也是现在。通过机器人让学生熟悉编程、传感器和自动化，获得在学习和日常生活中所需的计算思维技能。除了科学和工程原理，VEX 机器人还帮助学生锻炼和培养创造力、团队合作、领导力、热情和团队间的问题解决能力。

1.2　VEX 产品介绍

VEX 所有产品

1. VEX 123

VEX 123 是一款交互式、可编程的机器人，它将计算机科学和计算思维从屏幕上带到小学生手中。孩子可以通过触摸来控制 VEX 123 机器人的动作和声音，并通过玩来学习序列、逻辑等编程知识和培养解决问题的能力，适合幼儿阶段使用。

随着孩子的成长可以逐渐使用编码卡和 VEX 编码器来控制 VEX 123 机器人。最后可以通过平板电脑和计算机学习真正的编程。由浅入深学习、使用 VEX 123 机器人，从而走进编程的世界。

VEX 123

2. VEX GO

VEX GO 是一款经济实惠的 STEM 搭建系统，可以充分发挥儿童天生的好奇心。VEX GO 采用 VEX IQ 塑料结构系统，适合小学低年级阶段使用。

VEX GO

3. VEX IQ

VEX IQ 是一个可以从零开始设计的咬合式机器人系统，旨在为新手用户提供快速机器人入门和获得成功的机会，同时仍然能够不断挑战更高级的难度。

VEX IQ

4. VEX EXP

VEX EXP 生态系统作为 VEX IQ 与 VEX V5 之间的过渡，可以促进高质量的 STEM 教育，这是必要的、相关的和持续的，可以满足不同学生阶段的需求。

VEX EXP

5. VEX V5

VEX V5 系统包括多功能元素，可以消除新手用户在工程设计中的挫败感，同时仍然为有经验的用户提供无限的设计可能性和构建挑战。

VEX V5

6. VEX V5 Workcell

VEX V5 Workcell 是对工业机器人的模拟实践。VEX V5 Workcell 使用可连接到 VEX V5 的机械臂和传送系统，专为与 VEX V5 系统配合使用而设计的零件构建。VEX V5 Workcell 从仅连接到基板的机械臂开始，然后具有带有传感器和传送带的模拟专业工作单元。

VEX V5 Workcell

7. VEX PRO

VEX PRO 采用工业级金属，是专为大学生设置的机器人竞赛体验套装。

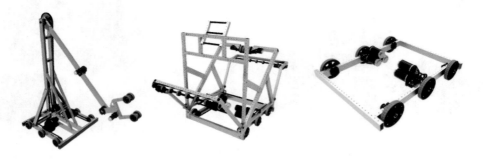

VEX PRO

在课堂上通过教育机器人可以提高学生的参与度和积极性，能够激发学生的兴趣。学生在理解任务时会感到自主性，特别是当任务符合他们的兴趣和目标时，学生会投入更多的精力去研究问题，解决问题。当学生相信自己知道如何做才能成功并有能力应对挑战时，他们就会感到信心满满。

1.3 教育机器人如何连接 STEM 学科

教育机器人为学生提供了广泛的学习机会，因为它以 STEM（科学、技术、工程和数学）为先决条件，跨学科多元化的研究培养了学生发散性思维模式。学生通过连接每个 STEM 领域的概念理解知识，同时需要学生学会合作、思考、排除故障和创新。

教育机器人可以被用于教授基本科学方法和开展实践，例如科学方法、观察、实验、数据收集和分析等。它还可以用于研究应用物理学和机械概念，当然还有人工智能。学生学习构建、编程和操作他们自己设计的机器人，以培养创新思想。

教育机器人允许学生练习实践工程设计过程，学会在限制条件下工作，确定问题的多种解决方案，并通过迭代找到最佳解决方案。学生通过从解决问题、排除故障，再到研究、开发和创新来培养宝贵的技能。

教育机器人可以是让数学对学生更具有现实意义的绝佳方式。机器人提供了一个"钩子"，使学生能够通过将其技能应用到现实世界中来体验数学的乐趣。然后，学生可以学会理解数学在日常生活中的价值。

1.4 VEX 比赛介绍

VEX 机器人世界锦标赛因体系最完整、参与最广泛、参与人数最多，于 2016 年作为世界上规模最大的机器人比赛被载入《吉尼斯世界纪录大全》，2018 年 4 月再次刷新了吉尼斯世界纪录，共有 50 多个国家和地区，超 2 万支赛队，100 多万名学生参与。

　　VEX 机器人可能是适合所有人的教育型机器人。VEX 机器人涵盖了正式教育和非正式教育的所有级别。除了科学和工程原理，VEX 机器人还鼓励培养学生的创造力、团队合作、领导才能和解决问题的能力。它可以使所有类型的教育者都能参与并激励明天的 STEM 问题解决者！

| 更全面地了解我们的世界 | 以新颖的方式整合STEM教育 | 发展计算思维 | 适应迭代 | 重视从失败中学习的重要性 | 了解未来的工作 |

　　一般每年 4 月底左右，VEX 机器人世界锦标赛会发布新赛季主题，参赛队根据新赛季主题进行设计比赛机器人以完成任务。

　　VEX 机器人比赛采用赛季模式，通过参加区域选拔赛（每年 7~9 月）、全国选拔赛（每年 10 月）、亚洲区锦标赛（每年 12 月）两个以上比赛，获得决赛资格才能进入世锦赛（次年 4 月在美国举办）。

　　小学和初中可以参加 VIQC 挑战赛，初中和高中可以参加 VRC 机器人竞赛，大学可以参加 VEX U 机器人竞赛，同时高中和大学还可以参加 VEX AI 机器人竞赛。

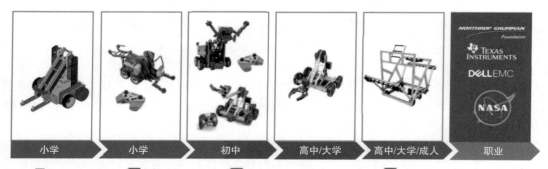

　　2020 年 4 月 25 日，VEX 机器人和 REC 基金会宣布了一个新的竞赛平台，即 VEX AI 竞赛。新平台将使用 VEX V5 搭建和控制系统，并且将向高中和大学团队提供注册。比赛是完全自主的，将使用一系列新传感器，包括 VEX 游戏定位系统（VEX GPS）、VEX AI 微处理器、具有深度感知功能的 VEX AI 视觉传感器、VEX LINK——机器人到机器人的无线通信接口，以及 VEX Sensor Fusion Map，这是一种新的多传感器集成技术，该技术使用来自机器人的感官数据进行实时 3D 渲染。每个赛队将搭建和编程控制两个机器人。赛队将能够通过 3D 打印来加工零件，并使用自定义电子设备和不限数量的电动机。比赛注册开始后，任何希望参加的高中队都必须申请该计划的审核。与大学参赛者不同，只有那些对这种高级比赛进行特别准备的高中队伍才被允许参加比赛。

　　历年比赛主题如下。

赛季	主题	赛场道具
2012—2013	Rings-n-Things	
2013—2014	Add it Up	
2014—2015	Highrise（摩天高楼）	
2015—2016	Bank Shot（狂飙投篮）	
2016—2017	Crossover（极速过渡）	
2017—2018	Ringmaster（环环相扣）	

（续）

赛季	主题	赛场道具
2018—2019	Next Level （更上层楼）	
2019—2020	Squared Away （天圆地方）	
2020—2021	Rise Above （拔地而起）	
2021—2022	Pitching In （百发百中）	
2022—2023	Slapshot （飞金点石）	
2023—2024	Full Volume （满载而归）	

1.5　VEX IQ 比赛介绍

1. 团队协作赛模式：1 支赛队至少由 2 名选手组成，团队协作赛需要有 2 支赛队参赛，分数为 2 支赛队的得分之和。

（1）在赛局中交换操作手。

1）赛局中，每支赛队仅允许 2 名操作手在其操作手站位区内。一名操作手控制机器人不能超过 35 秒。2 名操作手必须在赛局尚有 35 秒到 25 秒时交换。第二名操作手在遥控器交给其之前不能接触其赛队的遥控器操控钮。一旦遥控器换手，第一名操作手也不能再接触其赛队的遥控器操控钮。

2）操作手是唯一允许进入操作手站位的队员，其他人不得入内。

注：如果只有一位操作手进入操作手站位区，则此规则仍适用，必须在 35 秒后停止操作机器人。

（2）团队协作赛局中，2 支赛队组成联队在场上比赛。

1）随机分配资格赛局的联队。

2）决赛将按以下规则分配联队：

① 排名第一名和第二名的两支赛队组成一个联队。

② 排名第三名和第四名的两支赛队组成一个联队。

③ 以此类推，直到所有参加决赛的赛队都结成了联队。

2. 机器人技能挑战赛模式。

作为 VEX IQ 挑战赛的一部分，机器人技能挑战赛包括手动技能挑战赛和自动技能挑战赛，比赛由 1 支赛队进行挑战，1 分钟的手动技能赛与 1 分钟的自动技能赛，两部分所得分数之和即为本次技能挑战赛的分数，比赛有 3 次机会，取最高分作为最终成绩。

1.6　VEX IQ 比赛晋升途径

冠军、全能奖

| 城市赛 | 区赛 | 国赛 | 亚太赛 | 世锦赛 |

优胜奖

1.7　VEX IQ 参赛准备

1. 组建赛队

VEX IQ 比赛规则要求在 60 秒内必须换手，因此一个赛队至少需要 2 名选手参与。2 名操控手、1 名编程手与 1 名搭建手，4 名选手配置是最常见的配置，意味着每人分工明确，但不局限于每人只负责自己的部分，VEX IQ 是一个团队项目，目的是让每个选手融入机器人学习，全面锻炼能力，全面发展。针对只有 2 名选手的赛队，需要全面兼顾，操控、搭建与编程全面掌握。因此针对不同选手数量的赛队，需要合理分配任务。

申请队号：已有队号的赛队可以继续沿用该队号，由赛队管理员在系统内更新，没有赛队的参赛者可以在 www.robotevents.com 上注册 / 更新队号以及注册赛事。

2. 搭建与训练

搭建新赛季机器人，进行编程与操控训练，创作工程笔记。

3. 训练

1）从基本动作练起，熟练机器人。
2）模拟比赛，发现问题。
3）进升级机器人。

4. 比赛

1）赛前打包场地、机器人。
2）赛中找联队的队友进行赛前模拟训练，寻找最优分数路线策略。
3）赛后及时复盘，发现问题。

1.8　VEX IQ 工程笔记

1. 迎接挑战并设定目标

根据比赛规则，确定得分方式、设计比赛机器人和制定训练方式。

需要把规则中的重点内容进行标记，例如，比赛道具的组成、比赛得分情况、机器人的尺寸限制等。

通过这个过程，应该列出机器人可能需要具备的功能，以及比赛要求和限制的列表。例如，如果一项挑战要求机器人将物体堆得尽可能高，那么可能会需要设计一个升降或者力臂的结构使机器人升高。然而，比赛规则可能对机器人在任何给定时间的高度有限制。在进入头脑风暴阶段之前，应探索和理解所有这些标准要求。

2. 头脑风暴和图表

良好的头脑风暴始于对问题的共同理解，包括所有要求和限制条件。

在进行头脑风暴期间，选手可能还想调查现实世界中与比赛提出的挑战相似的挑战。他们还可以查看过去是否有任何其他机器人竞赛采用过类似的挑战。头脑风暴还包括从其他来源收集数据以帮助选手创建成功的解决方案。

有希望的解决方案应记录在赛队的工程笔记中，包括标记的图纸或图片。如果赛队从其他来源获得想法，则应在工程笔记中清楚地标识这些来源。

3. 选择解决方案并制定计划

一旦完成头脑风暴并产生了几个想法，则赛队应该客观地评估每个想法，目标是为赛队找到最佳解决方案。表格可以帮助赛队考虑并比较与特定设计期望以及约束相关的每个想法的优点。在下面的示例中，每个标准都按 0~5 分制进行评估，其中 0 分不符合预期，5 分超出预期。因为"想法 4"的总分最高，所以是更好的选择。

主意	标准 1	标准 2	标准 3	标准 4	总得分
想法 1	3 分	3 分	2 分	1 分	9 分
想法 2	5 分	5 分	0 分	0 分	10 分
想法 3	1 分	1 分	5 分	5 分	12 分
想法 4	4 分	4 分	4 分	4 分	16 分

赛队应该在工程笔记中记录这个过程，并解释如何以及为什么选择这个解决方案。他们还应该在工程笔记中完整描述解决方案，包括将如何构建方案的计划。对于高水平赛队，该计划还可能包括创建 CAD 模型或详细的装配图。

4. 构建与编程

这是赛队将花费大量时间的地方，也是构建原型和最终机器人及程序的地方。构建（包括机器人和程序）通常从基本设计开始，并在设计的过程中不断添加细节。选手在构建和编程时应该在工程笔记上做详细的笔记，记录他们所做的，并试图找出为什么有些东西比其他东西更好，然后构建额外的原型或程序来测试新的想法。收集数据并将其记录在工程笔记中，是构建和编程的重要环节。

5. 测试解决方案

在此步骤中，选手将测试他们构建或编程的内容，以了解哪些有效，哪些无效，以及哪些可以改进。测试程序应在工程笔记中详细记录，并应包括所有可衡量的结果。此步骤的主要目标是确定原型或程序是否满足挑战并能按预期和需要执行。

6. 不断验证

那么赛队如何决定他们的机器人何时完成呢？很简单：赛队需要设定一个时间表，然后坚持执行下去。根据自身情况，这个时间表会因赛队而异。如果一个赛队在第一场比赛前有六周的时间来设计和构建机器人，则他们应该为这段时间制定某种时间表。一些赛队会计划他们构建过程中的每一步，而一些赛队只会做一个快速概览。

第2章

VEX IQ 硬件介绍

2.1 VEX IQ 第二代电子元器件介绍

2.1.1 主控器

　　机器人控制器作为工业机器人最核心的零部件之一，对机器人的性能起着决定性的作用，并在一定程度上影响着机器人的发展。VEX IQ 第二代主控器在第一代的基础上对 CPU 进行了全面升级，支持彩屏，并内置惯性传感器。

　　第二代主控器采用了 1.8in（1in=2.54cm）彩色屏，选项按钮从上、下变为左、右布局，操控感更佳。其内置惯性传感器与蓝牙 5.0，CPU 速度提升 4 倍，内存扩展 12 倍，闪存容量提高 32 倍，并新增 microSD 卡槽，可以支持 microSD 卡扩展。对中、英、德、法等多语言支持也让第二代主控器使用起来更方便。

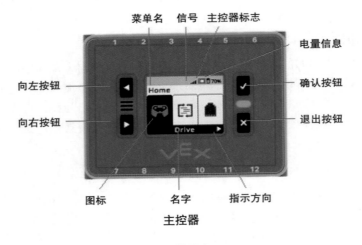

主控器

主控器特点

名称	特点
主控器	内置蓝牙 5.0
	内置 6 轴陀螺仪 / 加速度计
	支持多语言的彩色屏幕
	显示屏提供数据实时反映
	12 个智能端口
	8 个用户程序槽
	可以在 Blocks、C++ 和 Python 中使用 VEXcode IQ 进行编程
	使用 IQ 控制器无线下载程序
	用于存储数据的 microSD 卡槽

2.1.2　遥控器

第二代遥控器内置蓝牙 5.0，操纵杆额外支持按压，能提供更好的操作体验。对应按钮和操纵杆的位置和名称如下。

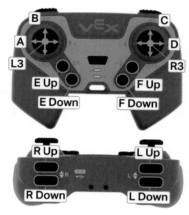

遥控器

遥控器特点

名称	特点
遥控器	两个模拟操纵杆和十个按钮
	内置蓝牙 5.0
	与机器人主控器无线配对
	通过 Type-C 接口从 VEXcode 无线下载程序
	从遥控器启动和停止程序
	电池通过 Type-C 接口充电

2.1.3　电池

相较于第一代的镍氢电池，第二代的锂离子电池因主控器最大限度降低了使用时的能耗，所以拥有更长的使用时间。此外，第二代电池一端设置了 4 个指示灯，方便识别电池容量，另一端的 Type-C 接口还可支持直接充电。

电池

电池特点

名称	特点
电池	7.2V、2000mAh 锂离子电池
	内置充电指示灯
	Type-C 接口充电
	充电时间约为 2h

采用 Type-C 接口进行充电，并可以显示充电电量。注意：电池的指示灯在充电时会闪烁。

指示灯状态

指示灯状态	电量
亮 1 灯	0~25%
亮 2 灯	26%~50%
亮 3 灯	51%~75%
亮 4 灯	76%~100%

2.1.4　光学传感器

光学传感器是环境光传感器、颜色传感器、接近传感器和手势传感器的组合。颜色信息以 RGB、色调、饱和度或灰度的形式提供。当物体接近 100mm 时，颜色检测效果最佳。

接近传感器测量反射光的强度，因此，值将随环境光和物体反射率而变化。光学传感器有一个白色 LED 以帮助在弱光条件下进行颜色检测。

手势传感器可以检测四种可能的手势，即物体（或手）在传感器上方时向上、向下、向左或向右移动。

相较于第一代的辨色仪，第二代光学传感器的感光度有所提高，能够接收更多光线，从而在弱光条件下也能获得更好的性能，并且具备物体检测、颜色检测、色度检测等功能，同时，它还具有手势检测功能。

光学传感器

2.1.5　距离传感器

第二代的测距仪采用安全无害的一级激光器，极窄的测量光束也使其具有更高的重复性，能够测量更大的范围、更精准的距离，还能检测物体接近的速度、大小，以及附近是否有物体。

距离传感器

距离传感器特点

名称	特点
距离传感器	范围为 20~ 2000mm，精度约为 5%
	对象大小报告为小、中或大
	接近速度测量物体接近传感器的速度

2.1.6　电量状态查看

1. 主控器电量

主控器电量和指示灯状态如下。

主控器电量

指示灯状态

LED 指示灯颜色	状态	主控器状态	电池状态	遥控器状态
	绿灯常亮	主控器开启	电池电量充足	遥控器未连接
	绿灯闪烁	主控器开启	电池电量充足	遥控器已连接
	黄色常亮	主控器开启	电池电量充足	遥控器配对中
	红灯常亮	主控器开启	电池电量低	遥控器未连接
	红灯闪烁	主控器开启	电池电量低	遥控器已连接

2. LED 充电指示灯

LED 充电指示灯可以显示绿色、红色，或熄灭。

充电指示灯

LED 充电指示灯状态

LED 充电指示灯颜色	状态	电池状态
	绿灯常亮	遥控器电池已充满电
	红灯常亮	遥控器电池充电中
	红灯闪烁	遥控器电池错误
	熄灭	未充电

2.1.7　主控器上的传感器仪表板

仪表板

使用向左、向右按钮突出显示设备菜单选项，然后按确认按钮选择设备。

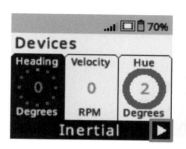 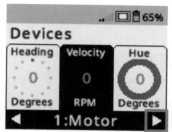 

选择设备

在设备菜单中，可以看到机器人上连接的设备。

使用向左和向右按钮突出显示所需的传感器，然后按确认按钮将其选中。

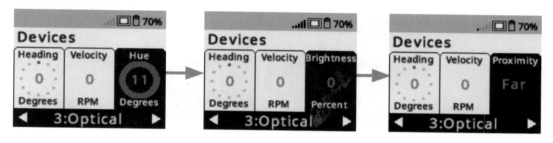

选择已连接的设备

如果传感器报告的数据类型不止一种，则可以使用向左、向右按钮滚动浏览传感器数据选项。

在下面示例图像中，光学传感器可以显示色调值、亮度和接近度。

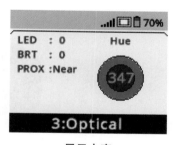

2.1.8 主控器与遥控器匹配步骤

（1）使用向左、向右按钮滚动到设置（Settings）选项。

显示内容

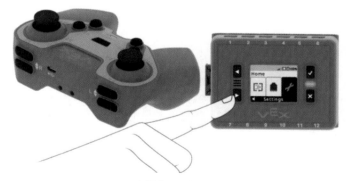

主控与遥控器匹配

（2）按确认按钮选择设置选项。

（3）选择连接（Link）选项并按下确认按钮。

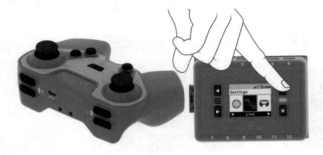

（4）连接时，主控器的 LED 指示灯将变为黄色。连接后，屏幕显示配对界面。

（5）同时按住 L 上和 L 下按钮，并连按遥控器电源按钮 2 次，参考主控器屏幕的提示。

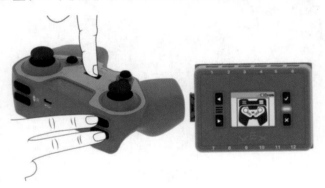

要注意主控器屏幕上提示的遥控器电源按钮闪烁的时机。尝试在相同的时机按下遥控器电源按钮，这可能需要尝试多次。

　　（6）无线连接成功后，将可以在主控器屏幕上看到遥控器图标。主控器的 LED 指示灯和遥控器的电源 LED 指示灯都应闪烁绿色以表明它们已连接成功。

2.1.9　固件更新

　　（1）首先确保没有其他使用 VEX 硬件的应用程序在后台打开，例如基于 Web 的 VEXcode IQ 或 Visual Studio Code。

　　（2）确保主控器正确连接到计算机并打开电源。连接主控器后，启动 VEXcode IQ。

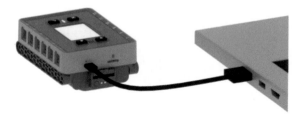

　　（3）如果 VEXcode IQ 菜单栏上的主控器图标颜色为橙色，则需要更新固件。可以通过选择更新按钮来更新 VEXcode IQ 中的主控器的固件。

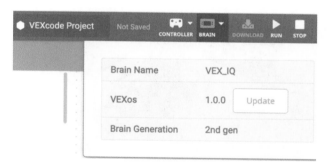

（4）等待固件更新。

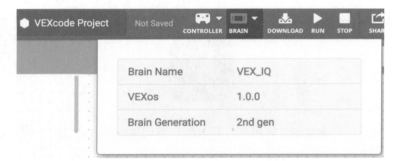

Please wait! Updating...
Do not unplug or turn off the Brain.

（5）完成后，选择 OK 按钮，主控器将关闭，然后重新打开。

Firmware downloaded to IQ 2nd gen
Brain.

OK

（6）更新固件后，主控器图标将变为绿色。

VEXcode Project	Not Saved	CONTROLLER	BRAIN	DOWNLOAD	RUN	STOP	SHAR

Brain Name	VEX_IQ
VEXos	1.0.0
Brain Generation	2nd gen

2.2　零件介绍

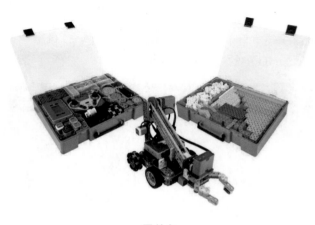

零件包

梁

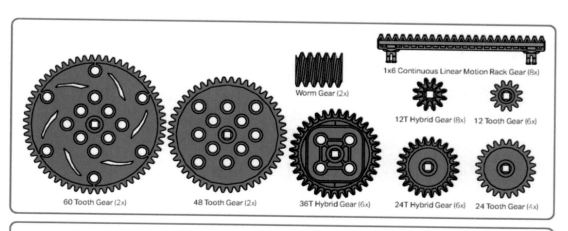

齿轮和链条

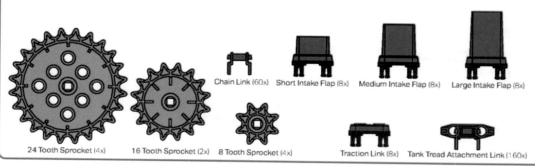

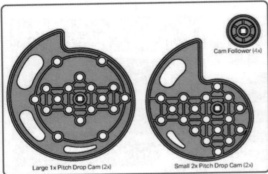

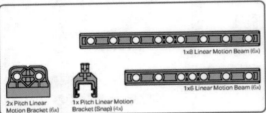

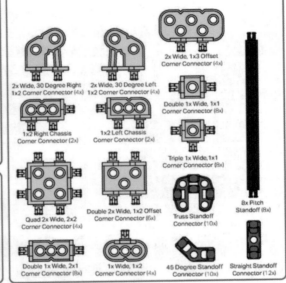

凸轮、连接器

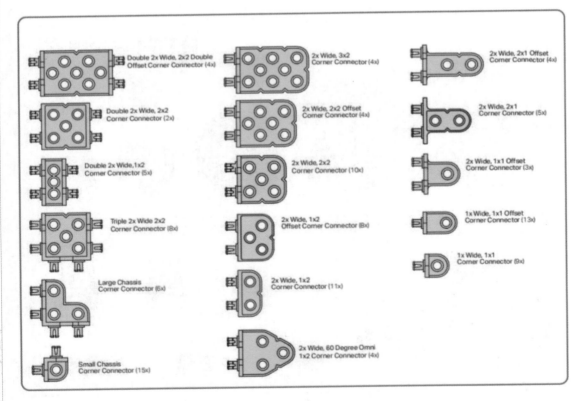

连接件

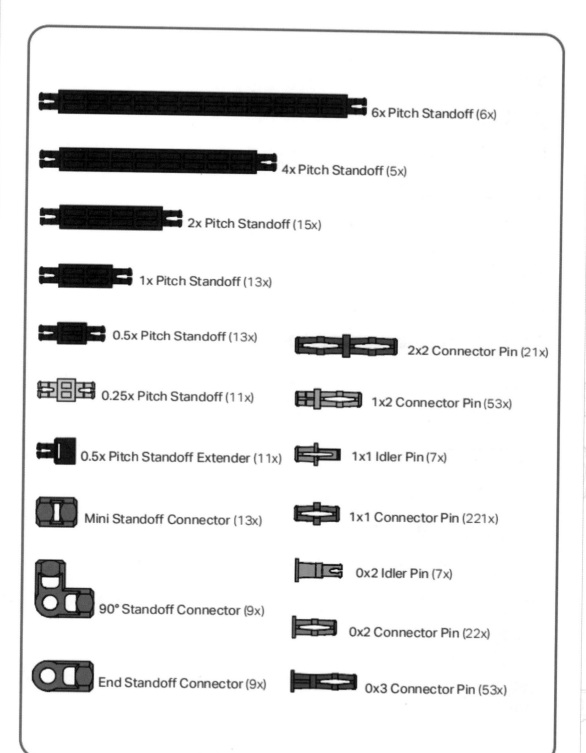

6x Pitch Standoff (6x)

4x Pitch Standoff (5x)

2x Pitch Standoff (15x)

1x Pitch Standoff (13x)

0.5x Pitch Standoff (13x)

0.25x Pitch Standoff (11x)

0.5x Pitch Standoff Extender (11x)

Mini Standoff Connector (13x)

90° Standoff Connector (9x)

End Standoff Connector (9x)

2x2 Connector Pin (21x)

1x2 Connector Pin (53x)

1x1 Idler Pin (7x)

1x1 Connector Pin (221x)

0x2 Idler Pin (7x)

0x2 Connector Pin (22x)

0x3 Connector Pin (53x)

撑柱、销钉、撑柱连接件

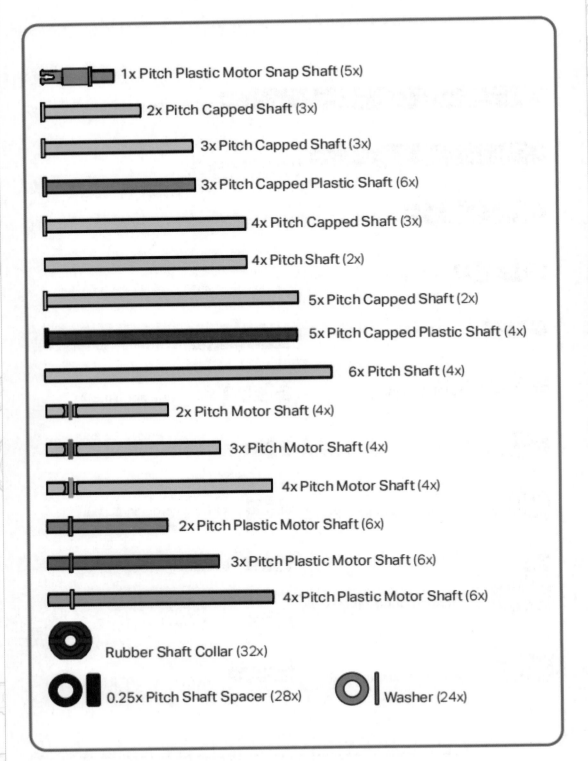

1x Pitch Plastic Motor Snap Shaft (5x)

2x Pitch Capped Shaft (3x)

3x Pitch Capped Shaft (3x)

3x Pitch Capped Plastic Shaft (6x)

4x Pitch Capped Shaft (3x)

4x Pitch Shaft (2x)

5x Pitch Capped Shaft (2x)

5x Pitch Capped Plastic Shaft (4x)

6x Pitch Shaft (4x)

2x Pitch Motor Shaft (4x)

3x Pitch Motor Shaft (4x)

4x Pitch Motor Shaft (4x)

2x Pitch Plastic Motor Shaft (6x)

3x Pitch Plastic Motor Shaft (6x)

4x Pitch Plastic Motor Shaft (6x)

Rubber Shaft Collar (32x)

0.25x Pitch Shaft Spacer (28x)

Washer (24x)

塑料轴、钢轴、电动机轴、钉头轴、轴垫片

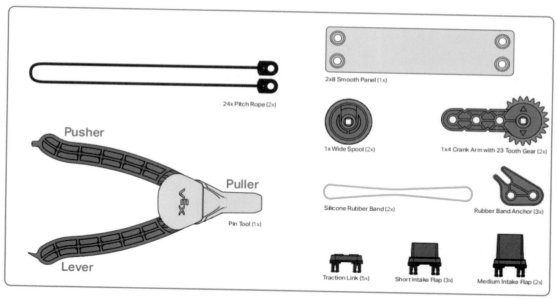

特殊零件（绳子、拔销器、皮筋、坦克拨片、爪齿）

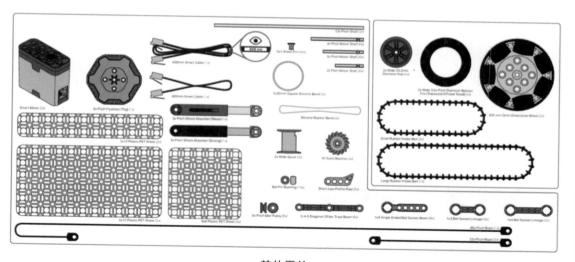

其他零件

电动机与梁连接

利用电动机轴可以很好锁住钢轴。

注意：若没有所需长度的钢轴，可用液压剪刀进行切割或者用钢锯锯掉。

2.3　VEX IQ 软件介绍

2.3.1　软件下载

VEX IQ第二代器材目前只支持VEXcode IQ编程软件，其中支持网页在线编程与下载形式，也支持 PC 端安装应用软件的形式，同时还支持移动端设备进行编程下载。

网页在线编程地址：https://codeiq.vex.com/。

应用软件下载地址：https://www.vexrobotics.com/vexcode/install/iq。

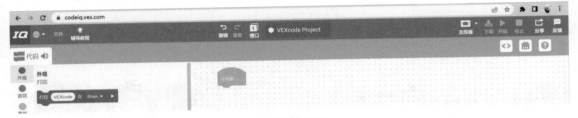

网页在线编程

Download VEXcode IQ (Blocks and Text) - v2.3.1

Downloadable app for users with bandwidth restrictions and for convenience

Download for Windows

Download for Mac

Available in the Chrome Web Store

Download on the App Store

MSI (For IT)

MSI Help

GET IT ON Google Play

available at amazon appstore

应用软件下载

2.3.2　软件

1. 软件界面

软件界面如下所示。第二代主控器支持图形化、Python 和 C++ 编程。

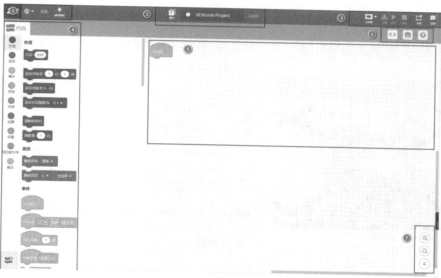

VEXcode IQ 编程软件界面

VEXcode IQ 编程软件功能

序号	作用
①	语言选择、文件菜单、帮助教程
②	程序下载端口、名称
③	主控器信息、下载、调试命令
④	代码块
⑤	代码编写区
⑥	文本代码转换、端口信息、帮助
⑦	放大、缩小、整理

选择程序语言

VEXcode IQ 编程语言选择

文件功能

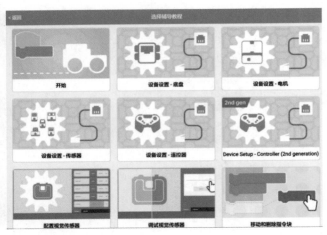

辅导教程

① 程序下载在主控器的槽口位置
② 重命名程序名称

程序下载的槽口

2. 下载程序方式

1）主控器通过数据线连接计算机。

2）匹配好的遥控器通过数据线连接计算机。

3）通过平板电脑或者手机蓝牙连接下载。

3. 代码转换模式

VEXcode IQ 软件目前支持图形化与 Python 之间转换，暂时不支持 C++ 转换。

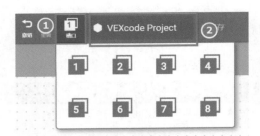

```
代码阅览框                    <>  ▦  ⚙  ❓  >

1    float myVariable;
2
3    // "when started" hat block
4  ⊟ int whenStarted1() {
5  |    return 0;
6    }
7
8
9  ⊟ int main() {
10 |    whenStarted1();
11   }
```

VEXcode IQ 支持图形化与 Python 之间转换

设备配置

设备名称介绍

名称	作用
CONTROLLER	遥控器
DRIVETRAIN 2-MOTOR	2 个电动机底盘
DRIVETRAIN 4-MOTOR	4 个电动机底盘
MOTOR GROUP	电动机组
MOTOR	单个电动机
BUMPER	碰撞传感器或者按钮
DISTANCE（1st gen）	第一代距离传感器
DISTANCE（2nd gen）	第二代激光距离传感器
TOUCHLED	触碰 LED
COLOR	第一代颜色传感器
VISION	视觉传感器
OPTICAL	第二代光学传感器
GYRO	第一代陀螺仪

4. 帮助命令的使用

1）单击问号"？"。

2）单击左侧模块。

3）右侧会出现该模块的解释说明。

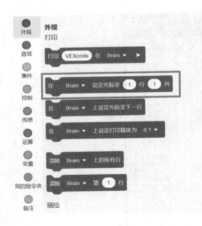

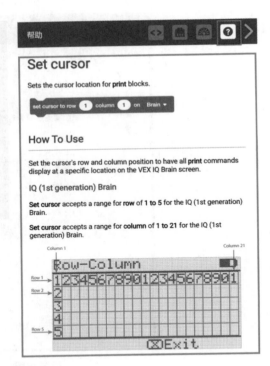

帮助命令

5. 打印数据

可以将数据打印在控制台上，方便在线调试。

在控制台打印数据

2.4　VEX IQ 第二代主控器自带编程介绍

（1）在 Home 界面，找到 Driver 选项后进入。

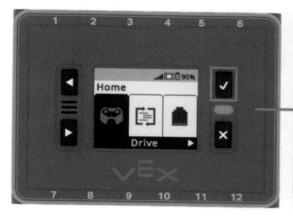 

主控器自带程序

（2）选择遥控器操纵杆的控制方式。

端口绿色代表当前插入的端口，例如下图中端口 1 与端口 6 为绿色，表示主控器端口 1 与端口 6 已连接电动机。

可以选择左单独操纵杆、右单独操纵杆、双操纵杆、坦克操纵杆方式。

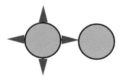 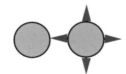 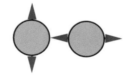 

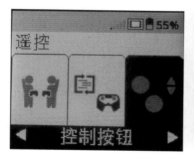 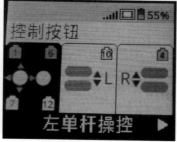 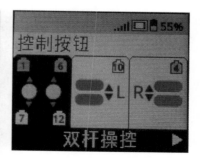

遥控器操纵杆的控制方式

（3）调节某一端口电动机正反转的设置。

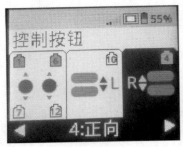 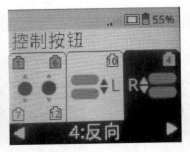 

电动机正反转设置，底盘正反向设置

（4）匹配好遥控器，运行程序，可以在界面看到传感器以及电动机参数。

 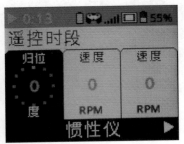

程序运行界面

（5）运行程序。

1）根据配置端口，进行调试。

2）通过遥控器操纵杆实现前后左右运动，如果出现前后反向，可以把左右电动机端口互换位置，或者在按钮控制中把底盘方向调整为相反方向。

3）通过 R UP 和 R DOWN 实现 4 号端口夹子电动机开合。

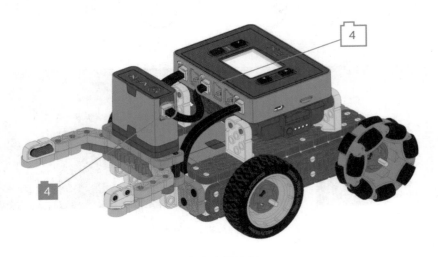

夹子小车的控制

2.5　VEXcode IQ 编程指令介绍

2.5.1　事件指令

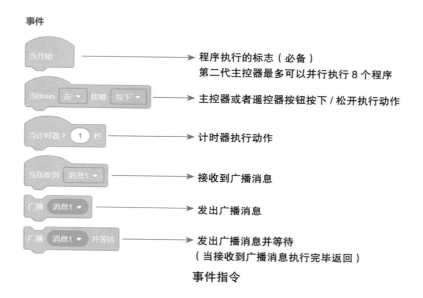

事件

程序执行的标志（必备）
第二代主控器最多可以并行执行 8 个程序

主控器或者遥控器按钮按下 / 松开执行动作

计时器执行动作

接收到广播消息

发出广播消息

发出广播消息并等待
（当接收到广播消息执行完毕返回）

事件指令

2.5.2　变量

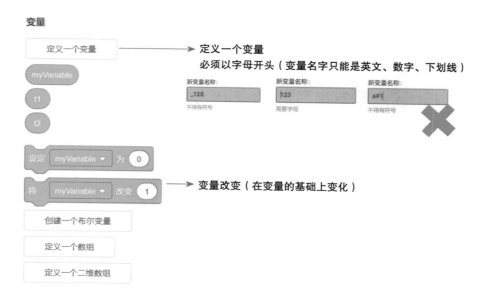

变量

定义一个变量
必须以字母开头（变量名字只能是英文、数字、下划线）

新变量名称：_123　不得有符号
新变量名称：123　需要字母
新变量名称：a#1　不得有符号

变量改变（在变量的基础上变化）

变量

右键单击变量名可以修改与删除变量。

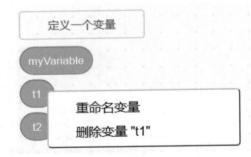

修改与删除变量

定义一个布尔变量（真或者假），真为 1，假为 0。

布尔变量的设置

定义一个一维数组。

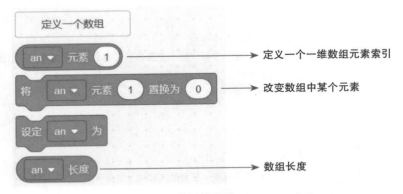

数组的定义

对一维数组赋值

定义一个二维数组（最大行为 20，最大列为 20）。

二维数组的定义

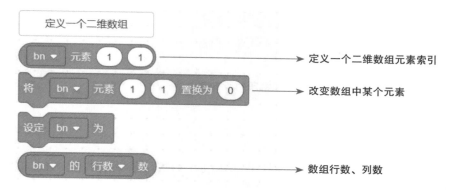

二维数组的参数

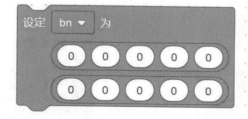

对二维数组赋值

端口配置选择第二代主控器。

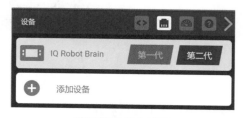

选择第二代主控器

2.5.3 打印指令

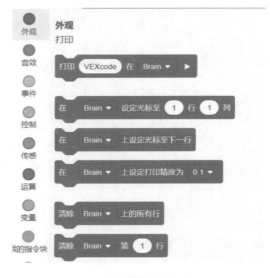

打印的所有指令

1. 打印文字

如下面左图所示程序，分两行居中打印"HELLO VEX"，第一行打印"HELLO"，第二行打印"VEX"，打印结果如下面右图所示。

程序中将"HELLO"打印在第 3 行的第 7 列，"VEX"打印在第 4 行的第 8 列，这样打印出来的文字会显示在屏幕中间。

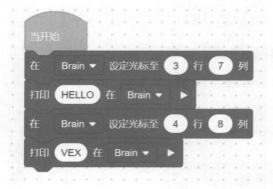

打印"HELLO VEX"

打印效果

2. 打印精度设置

根据打印需求设置精度，精确到具体小数点后几位。

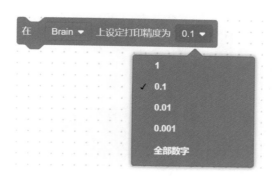

打印精度设置

例如打印数字，如下面左图所示程序，设置打印出来的数字精确到小数点后两位。下面右图是打印出来的结果。

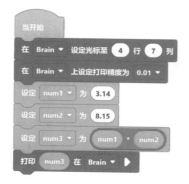

打印乘积并精确到小数点后两位

打印结果

3. 清除打印内容

清除所有行：清除屏幕打印的所有内容。

清除第几行：清除屏幕第几行打印的内容。

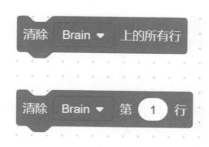

清除指令

如下图所示，是一个倒计时的程序。数字的初始值是 10，将数字打印在第 4 行第 7 列，每过 1 秒，数字减 1，每次减完 1 就清除屏幕中的数字，一共重复 10 次。每次只显示减 1 后的数字，之前的数字全部被清除了。

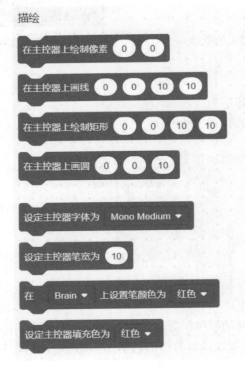

倒计时程序

2.5.4 绘图指令

利用第二代彩色屏幕，绘制不同的图形，点、线、圆、弧线等。并可以设置线条的粗细和线条的颜色等。

绘图指令

第二代屏幕坐标从左上方（0,0）开始至右下方（159,107），长度为 160px，宽度为 108px。

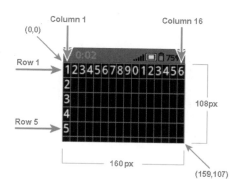

第二代屏幕坐标

绘制像素点（在第二代屏幕坐标中绘制）

绘制线段，第一个和第二个参数为起点的坐标，分别代表横坐标与纵坐标；第三个和第四个参数为终点的坐标，分别代表横坐标与纵坐标。

绘制线段，起点坐标与终点坐标

绘制矩形，第一个和第二个参数为矩形起点的坐标（矩形左上角顶点坐标），分别代表横坐标与纵坐标；第三个和第四个参数为矩形终点的坐标（矩形右下角顶点坐标），分别代表横坐标与纵坐标。

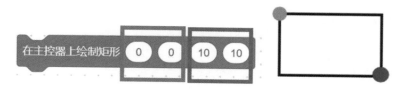

绘制矩形，起点坐标与终点坐标

绘制圆，第一个和第二个参数为圆心的坐标，分别代表圆心横坐标与纵坐标；第三个参数为圆的半径。

绘制圆，圆心坐标与半径

主控器字体设置与相关信息如下。

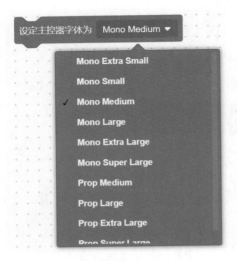

字体设置

Font	Rows	Columns
Mono Extra Small (mono12)	9	26
Mono Small (mono15)	7	20
Mono Medium (mono20) (Default)	5	16
Mono Large (mono30)	3	10
Mono Extra Large (mono40)	3	8
Mono Super Large (mono60)	1	5
Prop Medium (prop20)	5	28
Prop Large (prop30)	3	21
Prop Extra Large (prop40)	2	15
Prop Super Large (prop60)	1	9

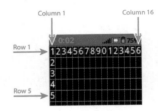

字体划分行与列

主控器屏幕中字体划分

字体	行	列
Mono Extra Small	9	26
Mono Small	7	20
Mono Medium（默认）	5	16
Mono Large	3	10
Mono Extra Large	3	8
Mono Super Large	1	5
Prop Medium	5	28
Prop Large	3	21
Prop Extra Large	2	15
Prop Super Large	1	9

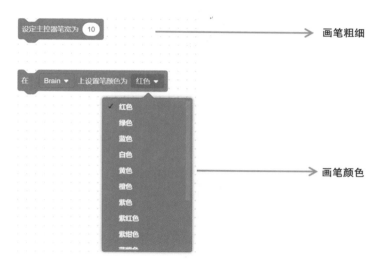

画笔颜色与粗细设置

更换字体打印,"HELLO VEX"明显变小。

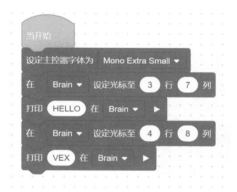

字体选择

打印效果

画矩形、圆、直线。

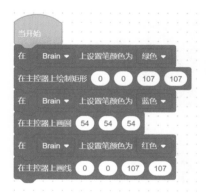

画矩形、圆、直线程序

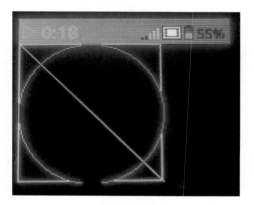

画图效果

2.5.5　运算指令

加减乘除

随机数

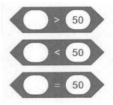

比较

与判断，多个条件同时满足

或判断，多个条件只要有一个满足

取反

取整

取整数部分，例如 4.8 取整是 4

绝对值：绝对值
下取整：向下取最近的整数值
上取整：向上取最近的整数值
平方根：平方根
sin：正弦函数
cos：余弦函数
tan：正切函数
asin：反正弦函数
acos：反余弦函数
atan：反正切函数
ln：以自然数 e 为底的对数
log：以 10 为底的对数
e ^：自然数 e 的幂次方
10 ^：10 的幂次方

数学相关指令

求余数

2.5.6　控制指令

1. 等待时间

等待的时间可以任意修改。如下图所示，打印"Hello,VEX"，5 秒之后，清空屏幕。

控制

等待时间

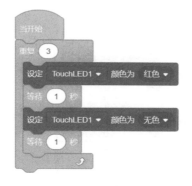

5 秒后清空屏幕内容

2. 循环

如下左图可以设置循环次数，用于有限循环次数。如下右图所示，循环的次数是 3，所以 LED 灯闪烁 3 次（一亮一灭为 1 次）。

循环次数（整数）

LED1 亮灭 3 次

如下左图是永久循环，循环里的程序一直执行。如下右图所示，LED 灯永远亮红灯。

永久循环

LED 灯永远亮红灯

3. 条件判断

条件判断必须在循环内，否则程序不会运行。

（1）一个条件判断。

如果按下 TouchLED1，那么亮绿灯。

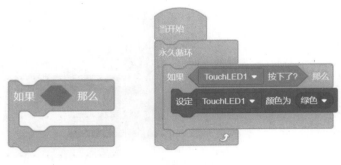

一个条件判断

（2）两个条件判断。

如果按下 TouchLED1，那么绿灯亮，否则红灯亮。

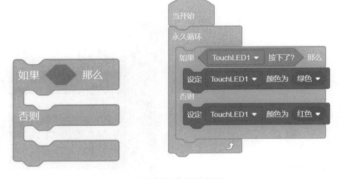

两个条件判断

（3）多个条件判断。

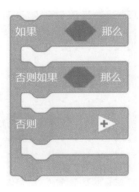

多个条件判断

4. 布尔判断

（1）等到条件为真才执行后续指令。等到条件将重复检验布尔指令块，且不会移动到下一条指令块，直到这个布尔指令块报告真值。

如下图所示，当运行程序，LED 亮红灯，直到按下 TouchLED1 后，LED 变为绿灯。

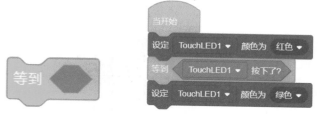

等到条件为真后执行后续指令

（2）重复直到条件为真才执行后续指令（其会重复为真值）。如果布尔条件报告为假值，则在重复直到指令块中的指令块将运行。如果布尔条件报告为真值，则在重复直到指令块中的指令块将被跳过，并执行下一指令块。

如下图所示，当 TouchLED1 没有被按下的时候，重复执行 LED 亮绿灯；当 TouchLED1 按下后，LED 亮黄灯。

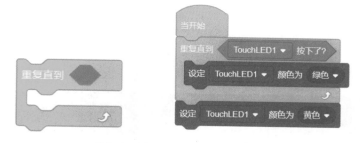

重复直到条件为真后执行后续指令

（3）当条件为真时，重复执行内部指令块。当指令块只会在每次循环开始时检查布尔条件。如果布尔条件报告为真，包含在当指令块中的指令块将运行。如果布尔条件报告为假，包含在当指令块中的指令块将被跳过。

当 TouchLED1 没有被按下的时候（非表示没有），LED 亮绿灯；当检测到 TouchLED1 被按下的时候，LED 亮黄灯。

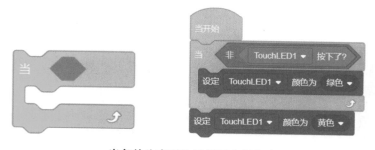

当条件为真后执行循环内部指令

5. 退出循环

直接退出一个正在重复的循环。

如下图所示，当 TouchLED1 被按下，将退出循环，并且电动机停止。

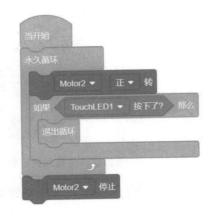

退出循环指令

2.5.7　创建指令块

VEXcode IQ 可以自定义指令块，相当于 Python、C++ 中的函数功能，可以传递参数，目前参数类型有整型、小数类型，布尔类型，以及字符类型。定义好自定义指令块后记得要调用，不然该自定义指令无法生效。

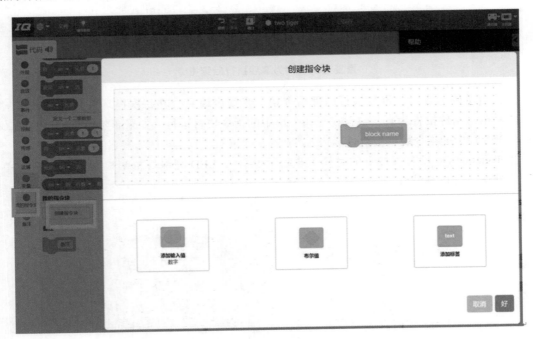

自定义指令块

2.5.8　声音指令

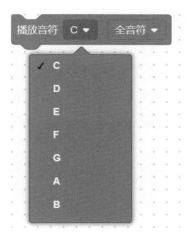

声音指令

例如可以制作《两只老虎》歌曲。

两只老虎

两只老虎歌曲五线谱

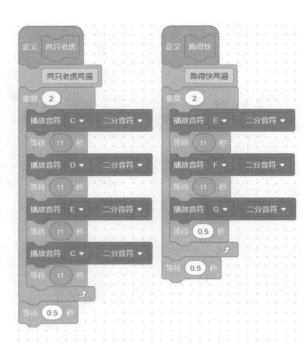

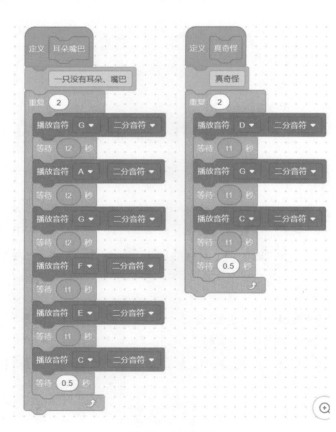

两只老虎歌曲程序

2.5.9　课程总结

作业一：在主控器中心坐标上作图，画一个变化的圆，圆的半径越来越大。

1）设置一个半径变量，而且此变量随着循环次数的增加而变大。

2）循环次数可以用重复指令块，也可以用当指令块。

3）画圆指令的使用。

程序 1　　　　　　　　　　　　　　　　程序 2

作业二：在主控器中心坐标上画图，画一个变化的圆环，圆环的半径越来越大。只需要画两个圆即可，两个圆的半径差值为固定值。即 R2 − R1 = 5。

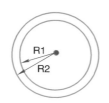

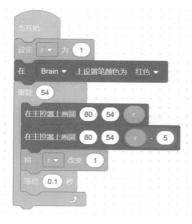

程序　　　　　　　　　　　　　　　　效果图

2.6 底盘编程介绍

2.6.1 电动机指令

底盘正反向

转弯

停止

驱动距离指令。

驱动距离并且不等待指令将会使其他指令块（非底盘指令）在底盘驱动的同时继续运行。如果后续指令也为底盘驱动运动，将会只执行后一条指令。底盘驱动距离的单位有毫米（mm）或英寸（in）。

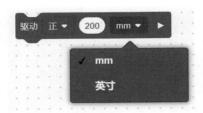

底盘驱动距离

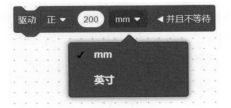

底盘驱动距离并且不等待

例如下面程序只执行右转，不会直行。

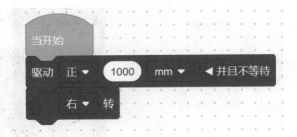

底盘多个指令冲突选择

转弯角度指令。

转弯角度并且不等待指令将导致其他指令块（非底盘指令）在底盘转弯的同时继续运行。如果后续指令也为底盘驱动运动，将会只执行后一条指令。

底盘转弯角度

底盘转弯角度并且不等待

例如下面程序只执行直行，不会右转。

底盘驱动速度指令，指令为百分比（%）时，值为 −100 ~ 100；指令为转每分钟（rpm）时，值为 −127 ~ 127。

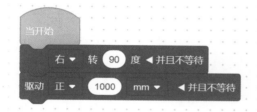

底盘选择直行

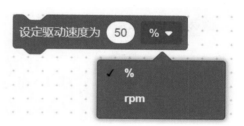

底盘驱动速度

转向速度指令。

底盘转向速度

例如下面程序打印默认的驱动速度，主控器屏幕显示 50，默认驱动速度可以得出为 50%。

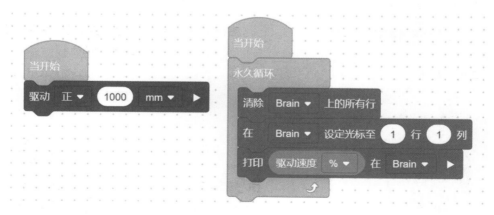

默认驱动速度

驱动停止模式如下。

1）刹车：会立马制动刹住，但由于速度惯性，小车还会往前走或者力臂往下运动，用于底盘控制。

2）滑行：不会刹车，没有任何阻力阻碍运动，用于吸球控制。

3）锁住：会立马制动刹住，刹车方式最紧，若由于速度惯性，小车还会往前走或者力臂往下运动，但此种方式会回弹到刹车的位置，用于力臂控制。

当驱动指令未达到它的位置时，驱动超时指令可用来解除驱动指令块动作。

例如当机器人撞到一面墙且无法完成它的移动距离，但一直在执行该指令，同时无法结束当前指令，并导致机器人卡机中，此情况可以用驱动超时指令解除运行。

设定驱动超时指令块可接受小数、整数，或数字指令块。

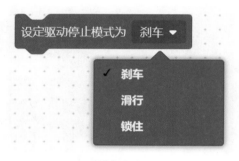

刹车方式

驱动超时设置

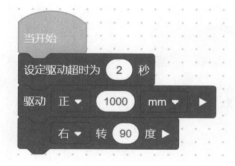

直行 2 秒后右转 90 度

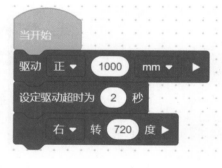

直行 1000mm 右转 2 秒（驱动超时指令只对下一个命令进行解除）

其他指令如下。

传感

主控传感

重置计时器

计时器时间

主控器屏幕行与列

主控器按键

电量显示

遥控器传感

Controller E上 ▼ 按下了?

Controller A ▼ 位移

Controller 停用 ▼

遥控器按键

当Controller按键 E上 ▼ 按下 ▼

当Controller A ▼ 轴改变

当Brain 左 ▼ 按键 按下 ▼

遥控器按键

底盘传感

驱动已结束?

驱动在继续?

检测驱动继续还是停止

驱动电流 amps ▼

驱动电流，范围为 0.0 ~ 1.2amps

2.6.2　第一种底盘编程

参照官方搭建图纸（https://content.vexrobotics.com/stem-labs/iq/builds/clawbot/simple-claw-bot-rev2.pdf）搭建基础小车，底盘配置 2 个电动机。

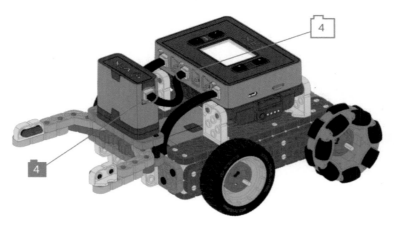

基础小车

端口配置界面，选择两个底盘的底盘模式。

端口配置

端口选择

选择电动机端口（1 和 6），陀螺仪（根据需求配置，第二代自带惯性仪）。

端口配置

添加遥控器。

添加遥控器

在配置底盘模式下可以单击遥控器的操纵杆进行控制方式的改变，根据需求配置熟悉的操作模式（左操纵杆、右操纵杆、双操纵杆、坦克操纵杆模式），下载程序，运行程序。

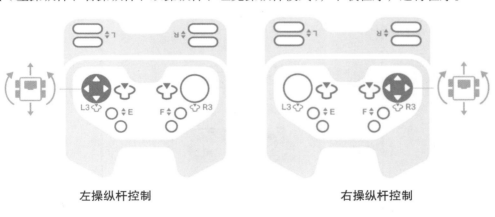

左操纵杆控制　　　　　　　　　　　　　　　右操纵杆控制

双操纵杆控制　　　　　　　　　　　　　　　坦克操纵杆控制

一般习惯用第三种模式，简单方便易操作。

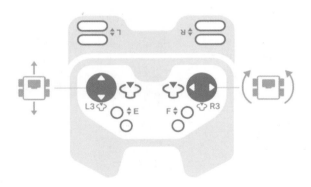

双操纵杆控制模式

2.6.3　第二种底盘编程

每个电动机单独赋值，用变量的形式来控制电动机速度。

单个电动机选择

端口配置

注意：左右电动机反转的情况，因为电动机是对称放置的，必定有一个电动机需要设置反转。

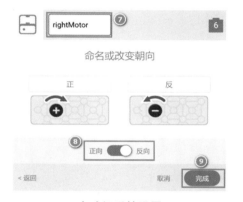

电动机反转设置

配置完成

遥控器两个操纵杆有四个通道（A、B、C、D），以及四组按钮（L、R、E、F），以及操纵杆下压两个按钮，都可以进行独立的编程。

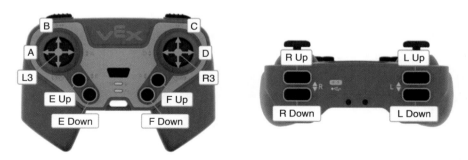

遥控器按钮分布

1）设定两个变量 A、C，把操纵杆的值赋值给变量。

2）设定左右电动机的速度，需要把变量的值赋值给电动机，这样电动机的速度就与操纵杆的位移相关联。

操纵杆的值赋值给变量

把变量 A 赋值给电动机转速百分比，这样就可以实现通道 A 控制前进与后退，通道 A 中间为 0 位，最上边为 100，最下边为 -100，可以实现电动机的正反转。

电动机转速赋值

遥控器两个操纵杆四个通道（A、B、C、D）的值可以通过程序进行打印。

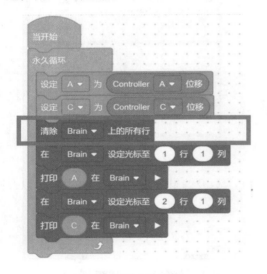

打印操纵杆值的程序

操纵杆值

左转弯情况分析：左电动机后退，右电动机前进。

也就是左电动机为负的速度，右电动机为正的速度。

而通道 C 的左边为负数，右边为正数，因此可以直接把通道 C 的值赋值给左电动机，而右电动机与通道 C 的值相反，因此需要加一个负号。同理适用于右转弯。

那么怎样实现小车的转向呢？如何靠通道 C 实现左右转弯？

转弯时，左右电动机的转向必定相反从而实现原地转弯，如下。

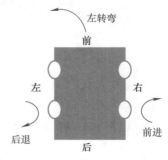

左转弯情况分析

下面程序运行后发现小车动不了？为什么？

因为只有速度是不行的，就相当于汽车挂 N 档踩油门，车是不动的。需要添加正转或者反转指令，再设置速度。

电动机转弯程序

把两个通道的值进行合并。见下面程序，如果写四个电动机指令，会发现电动机只会左右转弯，不会前进。因为一个电动机有多个指令，系统无法判断。因此需要正确合并，左右电动机转速只能出现一次。

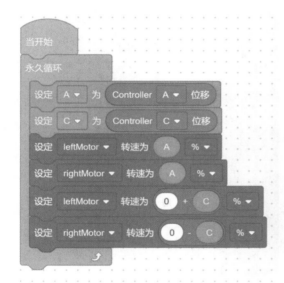

电动机运动程序

只会左右转弯程序

见下面程序。

1）当小车前进时，A 为正的时候，左右电动机的速度为正。

2）当小车后退时，A 为负的时候，左右电动机的速度为负。

3）当小车左转时，C 为负的时候，左电动机后退，右电动机前进。

4）当小车右转时，C 为正的时候，左电动机前进，右电动机后退。

在运动的基础上进行阈值保护，防止小车自动行走，由于遥控器操纵杆使用时间长，如果中间零位发生偏差，就可能导致小车自动行走（速度缓慢）。因此需要设置一个阈值，只有操纵杆的值大于阈值，推动操纵杆，小车才会运动。

操纵杆的值有正有负，设置绝对值的话就可以包括正负的情况，不管操纵杆往正方向偏移还是往负方向偏移都可以包括在内。得到通道 A 的绝对值和通道 C 的绝对值，两个绝对值与阈值 10 进行比较，如果小于 10，则左右电动机停止运动，否则正常运动，阈值可以根据实际情况进行设置。

这样底盘的程序就写好了，见下面程序，不过会发现停下来用手去转动轮胎是转不动的，因为这种方式默认设置了刹车方式。

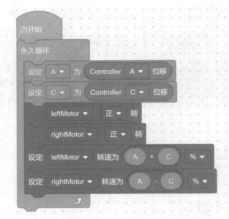

前进后退左右转弯程序

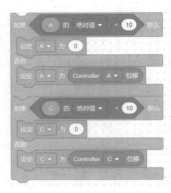

阈值保护

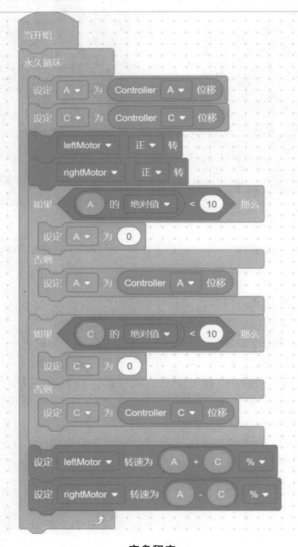

底盘程序

如下设置底盘电动机刹车方式，所有底盘的控制方式一致，这个程序为万能底盘程序，任何车型都适用。

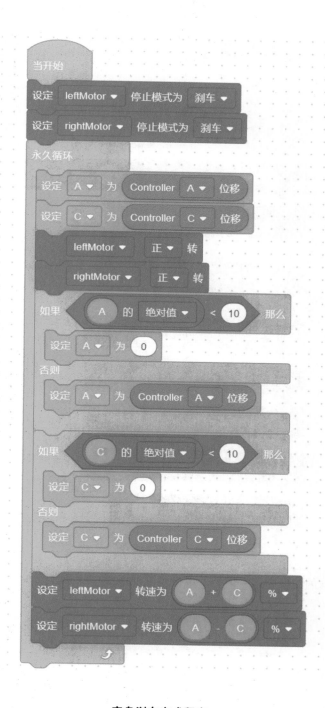

底盘刹车方式程序

2.7 夹子编程介绍

2.7.1 电动机相关指令

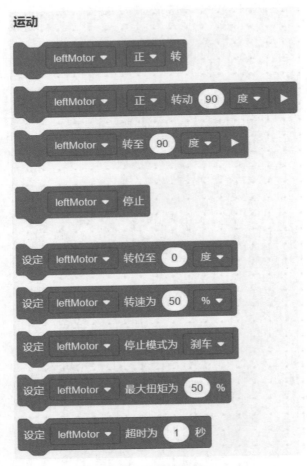

电动机相关指令

设定电动机当前的角度为某一值，这里设置当前电动机的角度为 0 度（0°）。

电动机转位至指令

Motor1 最开始设定为 0°，当正转 5s 后，电动机的角度发生变化，肯定不是 0°，让当前的电动机角度为 0°，也就是重置当前的角度。

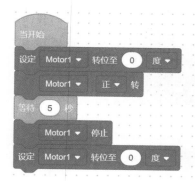
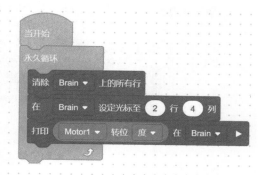

电动机转位至 0°

电动机正反转动，单位为度或者转。

此时为相对角度，无记忆功能。在前一个角度上进行转动，不管前面转了多少，都会在前面度数上转动目标值。

电动机转动指令

电动机正反转动并且不等待，这一指令将导致其他指令（非相同指令）在该指令运行的同时继续运行。如果后续指令也为控制该电动机运动，将只执行后一条指令。

电动机正反转动并且不等待指令

Motor1 先正转 90° 后继续正转 90°，一共转了 180°。

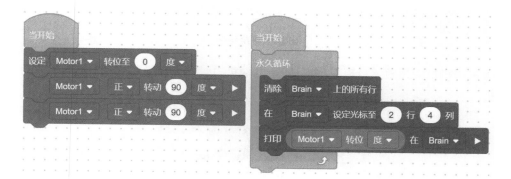

打印电动机正转度数程序

如果后续指令也为控制该电动机运动，将会只执行后一条指令。该程序执行停止指令。

电动机停止程序

电动机转至绝对位置，这一指令有记忆功能。在初始值上进行转动，不管前面转动多少，都会在相对于初始值上转动到目标值，到达目标值后不会继续转动。

电动机转至指令

Motor1 先转至 90° 后到达目标值停止，第二条转至 90° 则电动机不会产生动作，所以一共转了 90°，而不是 180°。

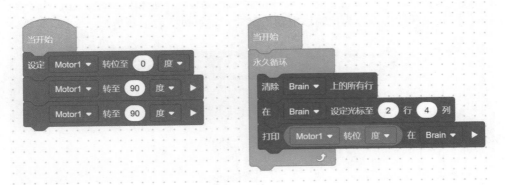

电动机转至程序

设定电动机最大扭矩（转矩），可以防止电动机力量过大而导致电动机堵转，发热进而损坏电动机。

电动机扭矩，范围为 0 ~ 100%

2.7.2　夹子编程

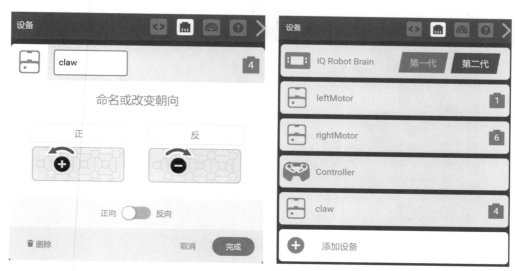

电动机端口配置

夹子小车

1. 点动开合控制方式一

1）初始化夹子状态，打开状态。

2）运行程序。

3）通过 R UP 与 R DOWN 控制夹子。

4）查看主控器屏幕，夹子关闭的角度为 45°。

注意：

夹子转矩不能太大，防止电动机力量过大。

速度不能太快，由于夹子机械结构限制不能太快。

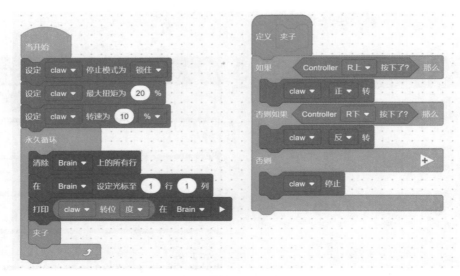

遥控控制夹子程序

设置电动机角度保护。

注意：

由于夹子机械结构的限位，需要通过程序进行角度保护，防止电动机一直处于堵转状态，需要让夹子电动机在 0°～45° 之间进行运动。

当电动机角度大于 45° 时，反转一下回到正常活动区间。

当电动机角度小于 0° 时，正转一下回到正常活动区间。

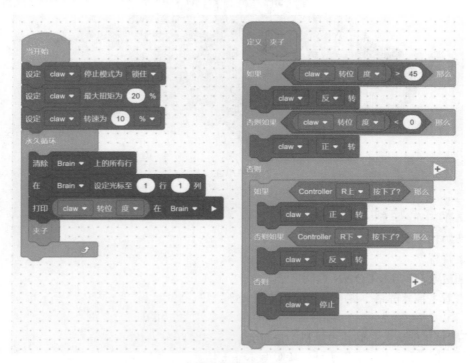

电动机角度保护程序

2. 点动开合控制方式二

这种方式可以设置保护吗？

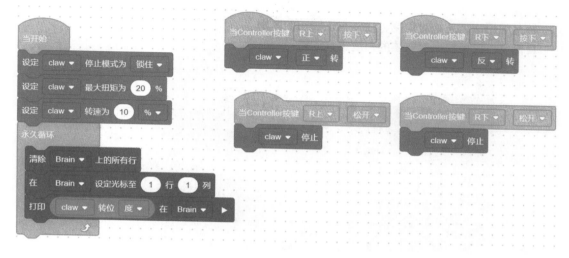

电动机开合程序

当电动机角度超过 45° 时，反转 5° 回到正常活动区间。
当电动机角度小于 0° 时，正转 5° 回到正常活动区间。

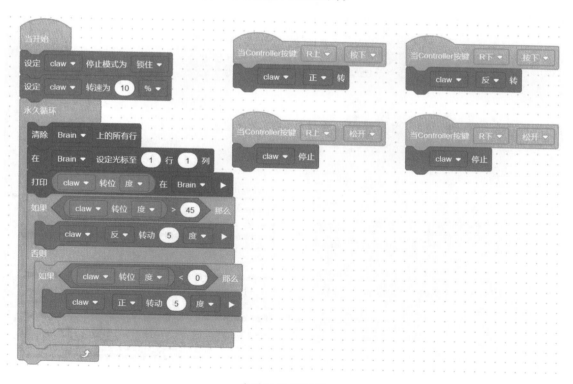

电动机保护程序

3. 一键开合控制方式

通过一键控制电动机转至目标值。

注意：

转至的用法，是绝对角度，注意与正转动的区别。

目标值可以根据夹取物体的角度进行调整。

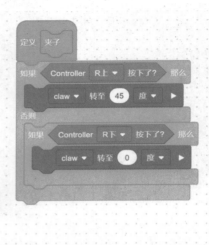

一键开合控制程序

2.8　LED 编程

选择传感器

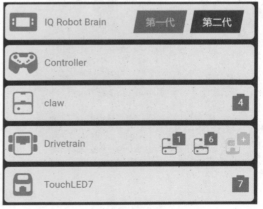

第二代传感器

触摸 LED

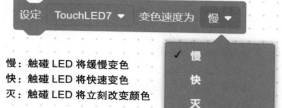

触摸 LED 指令

LED 灯颜色

慢：触碰 LED 将缓慢变色
快：触碰 LED 将快速变色
灭：触碰 LED 将立刻改变颜色

设定 LED 灯变色速度

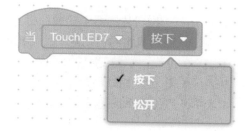

设定 LED 灯亮度

当触碰 LED 被按下或松开时，运行随后的指令段。

触碰LED传感

TouchLED7 ▼　按下了?

触碰 LED 是否被按下

作业一：编写程序，LED 在红绿蓝三种颜色之间闪烁。

作业二：编写程序，LED 亮红灯，当 LED 被按下后，亮绿灯，小车前进 500mm 后右转 90° 再直行 500mm 后亮蓝灯。

变量 t1 可以根据情况调节速度

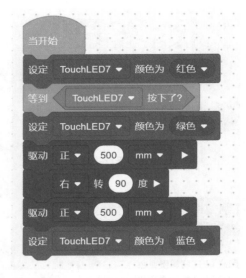

等待触碰 LED 传感器被按下后，执行指令

2.9 碰撞开关编程

碰撞开关（按钮传感器）让你的机器人具有触觉。碰撞开关可以检测到轻微的触碰，还能用来检测墙或限制机构的运动范围，支持事件编程。

状态：0 和 1。例如在生活中，灯的开关，0 表示灯灭，1 表示灯亮。

0 表示关闭（没有按下按钮）。

1 表示开启（按下按钮）。

碰撞开关（按钮传感器）

如下，将传感器接到一个端口，程序中的 Bumper6 与端口数对应。当按下按钮，就会播放警报声。编写此程序下载到主控器试一试。

判断按钮传感器是否按下

按钮测试：如下，变量 count 表示按下按钮的次数，设定初始值为 0，将 count 打印在主控器上。当按下一次按钮，count 就增加 1。编写程序，按下按钮，观察主控器上打印的数值。

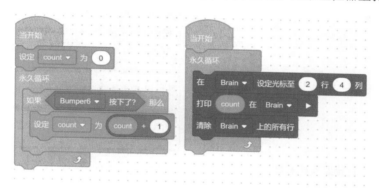

变量 count 根据按钮按下的次数变化

发现问题：当按下按钮，如果一直不松开，count 数值就一直增加。

解决问题：当按下按钮，直到松开按钮，count 数值只增加 1。

编程实验：当按下按钮后，count 增加 1，期间没有松开按钮，不运行任何程序。

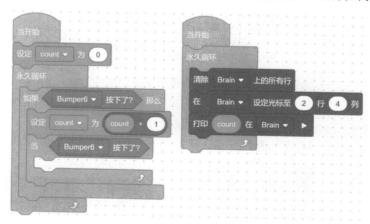

按钮按下并松开后，count 才加 1

当……（while 条件）在按钮按下的时候，期间如果按钮还是按下的状态，运行为空。

2.10 超声波编程

选择距离传感器

第二代传感器

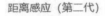

距离感应（第二代）

距离传感器指令

检测距离

检测速度

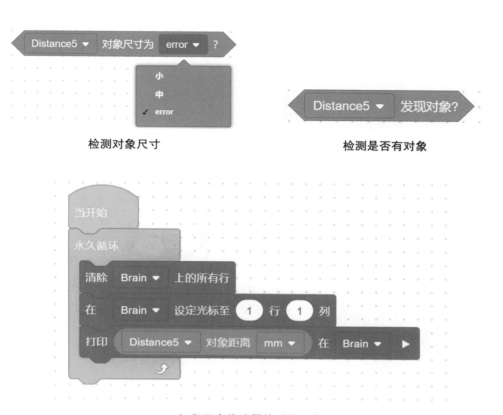

检测对象尺寸　　　　　　　　　　　　检测是否有对象

打印距离传感器检测的距离

距离传感器需要放在车头位置。

距离传感器安装位置

作业一：做一个跟随小车。

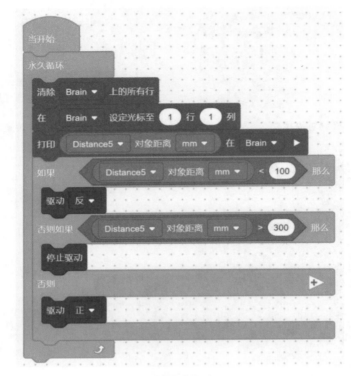

跟随小车程序

作业二：做一个避障小车。

1）直行。

2）当距离小于 100mm，后退 2s。

3）旋转随机角度。

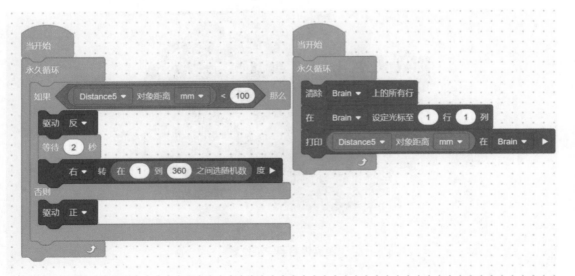

避障小车程序

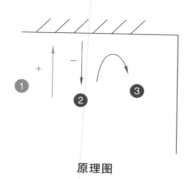

原理图

2.11　光学传感器（颜色传感器）

1. 光学传感器的参数

LED：灯光的亮度百分比。

BRT：接收的亮度百分比。

PROX：物体的远近程度。

HUE：色调值。

可以通过主控器屏幕端口调试功能查看光学传感器的参数。

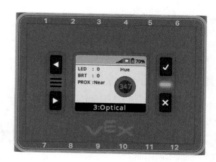

光学传感器调试参数

可以通过按下左右按钮来调节灯光亮度百分比。

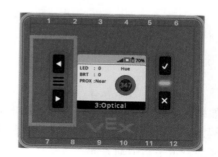

亮度调节

2. 光学传感器的选择

选择光学传感器，然后选择第二代。

选择光学传感器

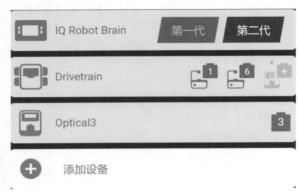

第二代传感器

3. 光学传感器编程指令

（1）手势模式：可以识别四个方向的手势。

手势模式

注意：光学传感器放在车尾。

如果光学传感器的放置方向与下图中一样，程序识别的手势方向与实际运动方向相反。

例如，手指放在光学传感器前面，从下往上运动，实际光学传感器识别的手势是向下的。

箭头表示手指运动方向，方框代表程序识别的手势方向。

此时程序识别的手势方向与实际运动方向相反。

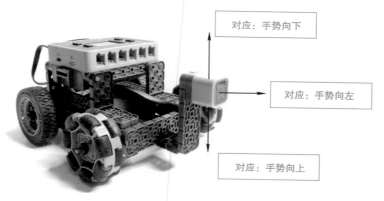

对应：手势向下

对应：手势向左

对应：手势向上

手势识别

如下，打印出四种手势结果。

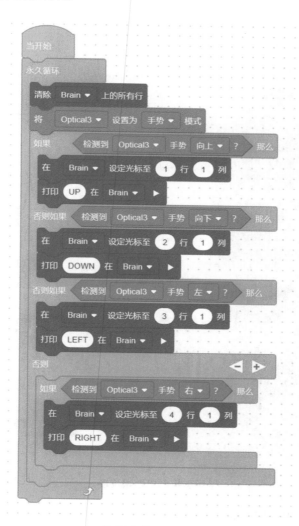

打印手势结果程序

注意：电动机运动方向与程序手势识别的关系。

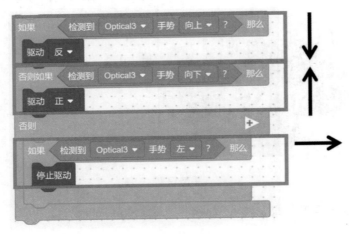

手势识别

通过手势控制电动机。

手势控制电动机程序

（2）颜色模式：可以识别七种颜色。

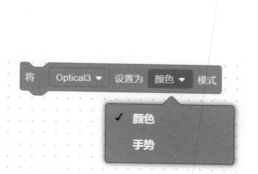

颜色模式

将光学传感器设置为颜色模式，当检测到对应的颜色，执行底盘动作。

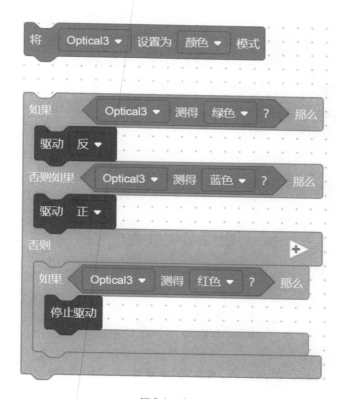

颜色识别程序

当检测到对应的颜色，执行电动机动作。

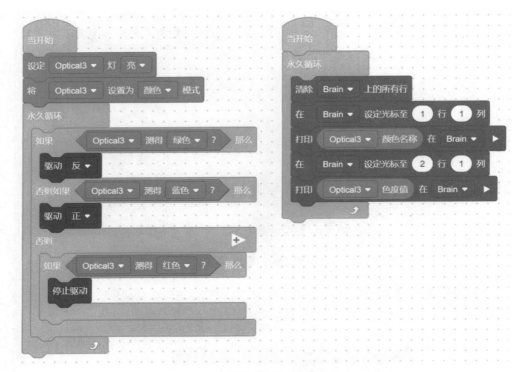

识别颜色控制电动机程序

（3）亮度百分比模式：可以设置灯的开启与关闭。

如果当前环境太暗，可以开启灯光。灯光的亮度百分比可以根据环境设置。可以通过检测物体反射回来的亮度来识别物体颜色。

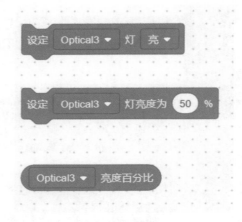

亮度百分比模式

任务：小车在地面前进，遇到黑色线条停止。

如下，先开灯打印亮度百分比，得到黑线与地面的亮度百分比数值。根据数值求平均值作为条件判断。

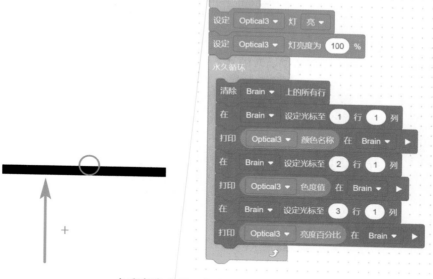

打印颜色名称、色度值、亮度百分比

一般地面的值为 20，黑线的值为 6，以平均值为 10 作为条件。通常用于巡线，识别黑线与白色地板时，需要开灯亮度到 100%。

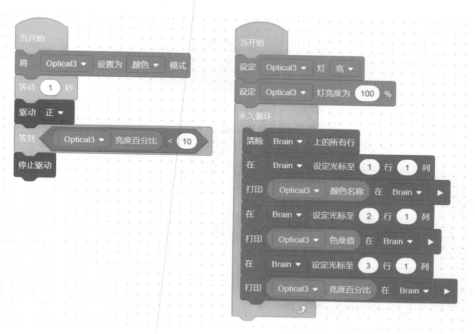

巡线程序

（4）检测对象模式：有对象靠近，检测到，则条件为真；没有对象靠近，检测不到，则条件为否。

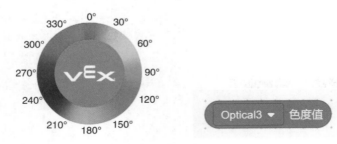

检测对象指令

（5）色调模式：色调模式能检测的范围是 0 ~ 359。

色调模式

先测量卡片对应的色度值程序

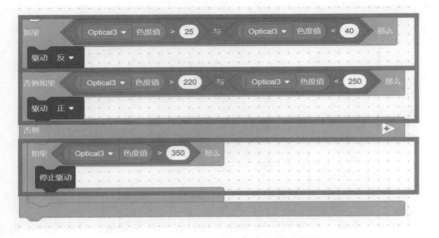

绿色卡片的色度值

蓝色卡片的色度值

红色卡片的色度值

设置卡片色度程序

这里设置了灯的亮度为 100%，可以根据环境情况决定是否需要开和关。

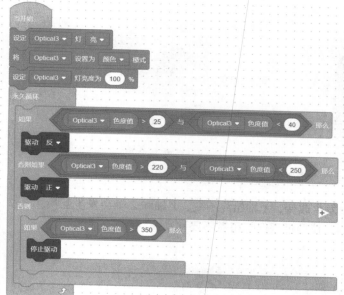

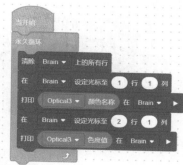

亮度设置为 100%

课后总结

1）认识光学传感器的四种模式。

2）对比四种模式的区别与应用。

2.12　惯性传感器编程

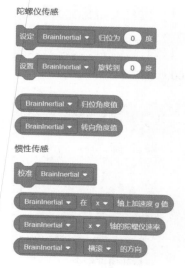

惯性传感器指令

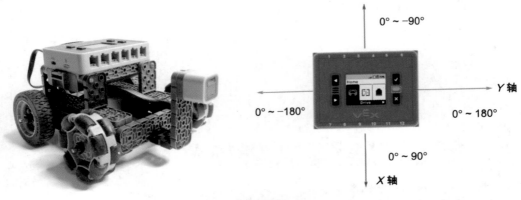

惯性传感器角度

注意：若主控器初始放置位置发生改变，X 轴始终不变，Y 轴和 Z 轴会发生互换。
校准惯性传感器，时间需要 2s，校准过程保持机器不要移动。

校准惯性传感器指令

传感器加速度为 $-4.0 \sim 4.0$。

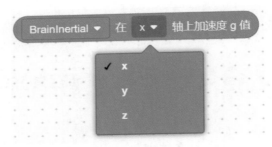

加速度指令

传感器旋转速度为 $-1000.0 \sim 1000.0$（转每分钟）。

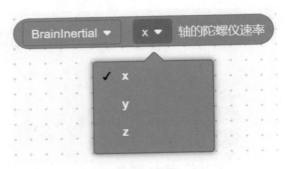

旋转速度指令

转向角度值，具有累加功能，有正负（左正右负）。
设定陀螺仪当前的转向角度为 0°。

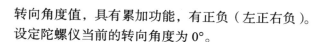

转向角度值指令

旋转角度指令

陀螺仪的归位角度值为 0 ~ 359.9。
设定陀螺仪当前的归位角度为 0°。

归位角度值指令

归位角度值指令

横滚方向（Y 轴方向）范围是 −180° ~ 180°。

横滚方向指令

如下横滚方向范围是 0° ~ 180°。

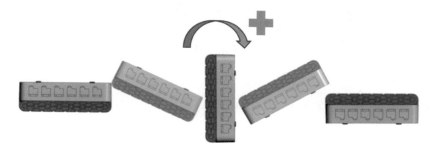

横滚方向范围是 0° ~ 180°

如下横滚方向范围是 0° ~ −180°。

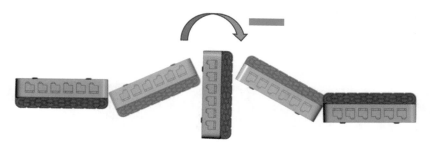

横滚方向范围是 0° ~ −180°

俯仰方向（X 轴方向）范围是 −90° ~ 90°。

俯仰方向指令

如下俯仰方向范围是 0° ~ 90°。

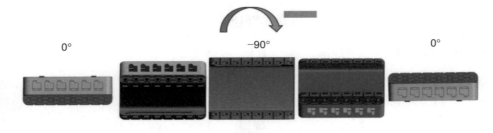

俯仰方向范围是 0° ~ 90°

如下俯仰方向范围是 0° ~ −90°。

俯仰方向范围是 0° ~ −90°

横滚方向（Z 轴方向）范围是 −180° ~ 180°。

偏转方向指令

如下偏转方向范围是 0° ~ 180°。

偏转方向范围是 0° ~ 180°

如下偏转方向范围是 0° ~ −180°。

偏转方向范围是 0° ~ −180°

作业一：打印惯性传感器参数。

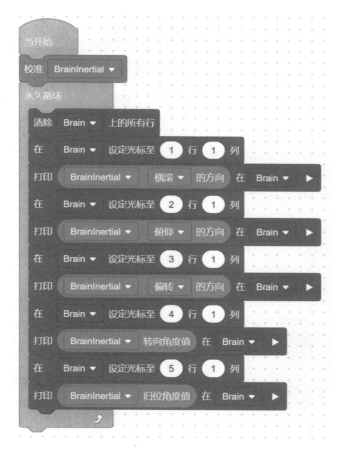

打印传感器参数程序

作业二：基础小车旋转 150° 停下。

实际操作后会发现小车停止后打印的角度会超过 150°，由于车辆的惯性原因，停止的位置会超过目标值。

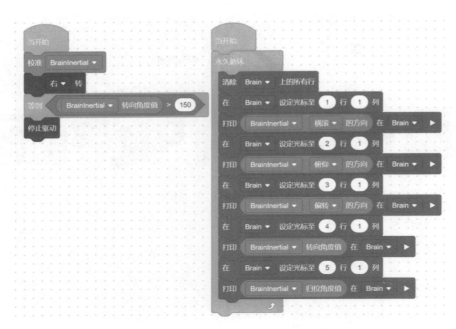

小车旋转 150° 停止程序

解决方法是可以进行分段速度设计：

当转向角度值 ≤ 100 时，设定转向速度为 50%。

当转向角度值 >100 时，设定转向速度为 5%。

直到到达转向目标值，小车停止。

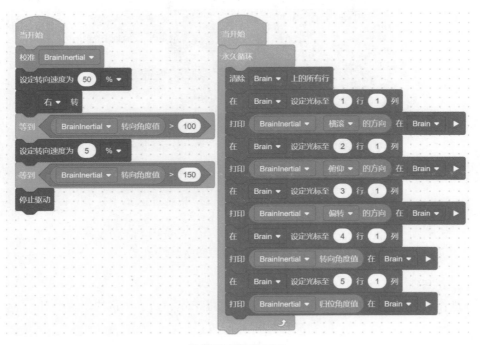

分段速度设计程序

第3章

创意搭建

3.1 弩

3.1.1 古代兵器介绍

在古代的时候，行军打仗用的基本都是冷兵器，各种兵器数量众多，它们的大小形状各不相同，具有刺、砍、切、划、砸、击和抓等功能，在功夫高手的手中它们都是致命的武器。

刀：是我国最早出现的兵器之一，可以用它切、砍、划、刮，或割兽皮之用。刀的最初形态，与钺非常接近。到春秋战国时期，刀的形状发生巨大变化，两汉时，刀逐渐发展为步兵的主要兵器之一，同时出现了许多不同形式的长柄刀。

刀

枪：我国古代兵器之一，属于一种长柄的刺击兵器。由古代兵器矛演变而来。到了晚清，长枪趋于简单，偏重扁镞形刃，圆底筒，直到今天武术竞赛还是使用这种类型的枪。现在武术运动流行的枪有大枪、花枪、两头枪、短枪、双枪等。枪的用法主要有：扎、刺、挞、抨、缠、圈、拦、拿、扑、点、拨、舞花等。

剑：一种兵器。开双刃身直头尖，横竖可伤人，击刺可透甲，素有"百兵之君"的美称。古代的剑一般由金属制成，长条形，前端尖，后端安装有短柄，两边有刃。现在作为击剑运动使用的剑，剑身为细长的钢条，顶端为一小圆球，无刃。

枪

剑

弩：古代用来射箭的一种兵器，步兵使用其可以有效克制骑兵。弩也被称为"窝弓""十字弓"。其是一种装有臂的弓，主要由弩臂、弩弓、弓弦和弩机等部分组成。虽然弩的装填时间比弓长很多，但是它比弓的射程更远，杀伤力更强，命中率更高，对使用者的要求也比较低，是古代一种大威力的远距离杀伤武器。

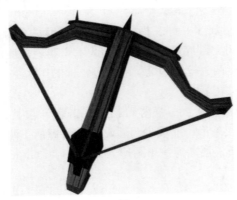

弩

3.1.2　结构认识

制作一把"弩"需要用到橡皮筋，拉动橡皮筋则会产生弹力。

1. 定义

弹力：物体由于发生弹性形变而产生的力叫作弹力。

弹性：物体受力发生形变，不受力时又能自动恢复原来形状的特性叫作弹性。

弹性形变：能自动恢复原来形状的形变叫作弹性形变。

物体由于弹性形变而产生的力叫作弹力。物体的弹性形变程度越大，产生的弹力越大。

如下，拉橡皮筋、撑竿跳高、弹簧都用到了弹力。

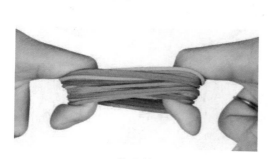

橡皮筋

弹簧

2. 弹力的大小

测量弹力的大小，需要用到弹簧测力计。在弹性限度内弹簧受的拉力越大，它的伸长量就越长。

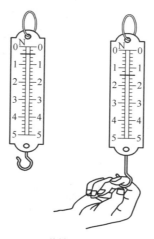

弹簧测力计

本节任务：请搭建出弩，并利用橡皮筋的弹性来发射子弹。

3.1.3　搭建模型

1. 搭建零件

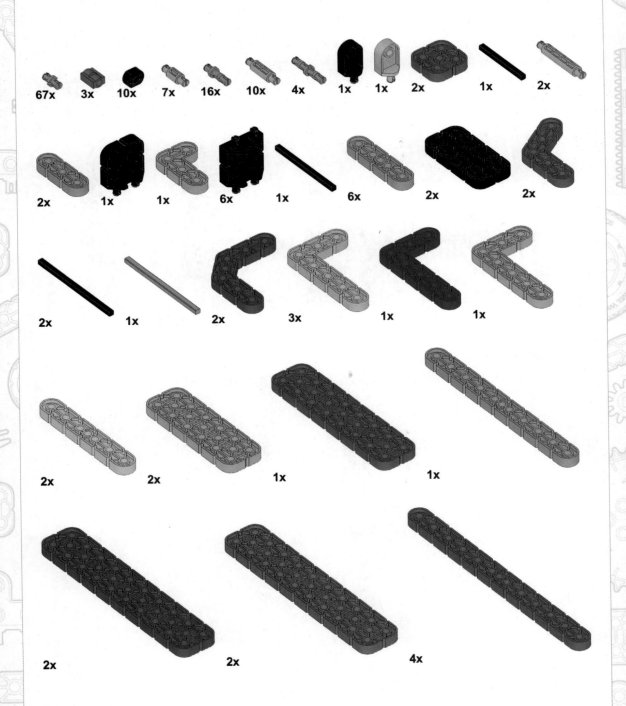

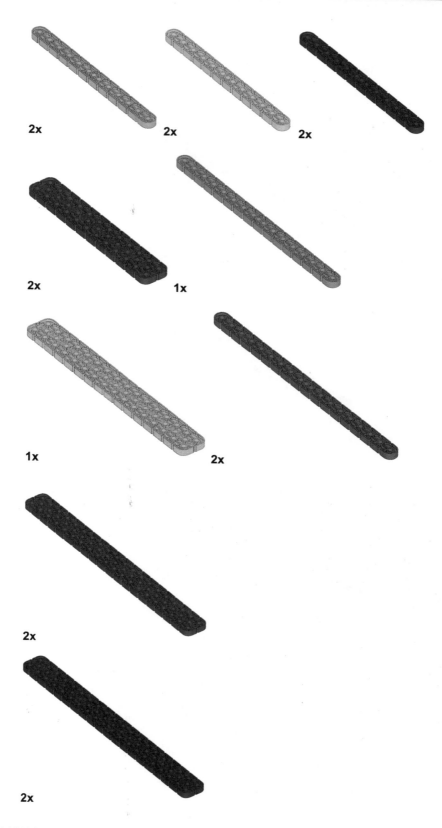

2x

2x

2x

2x

1x

1x

2x

2x

2x

2. 搭建步骤

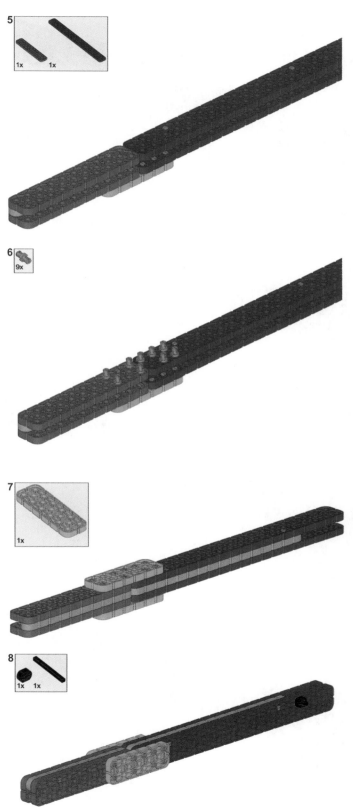

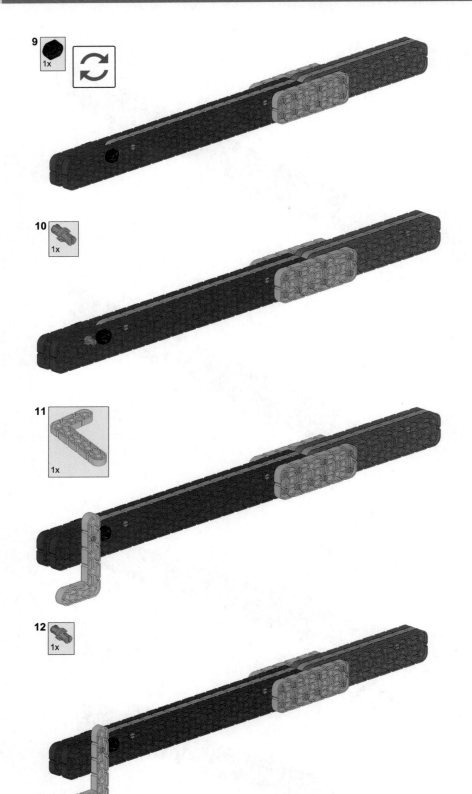

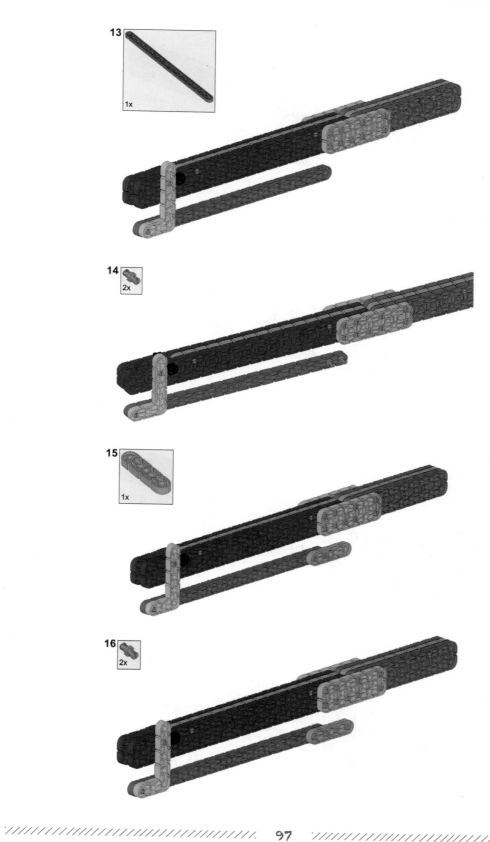

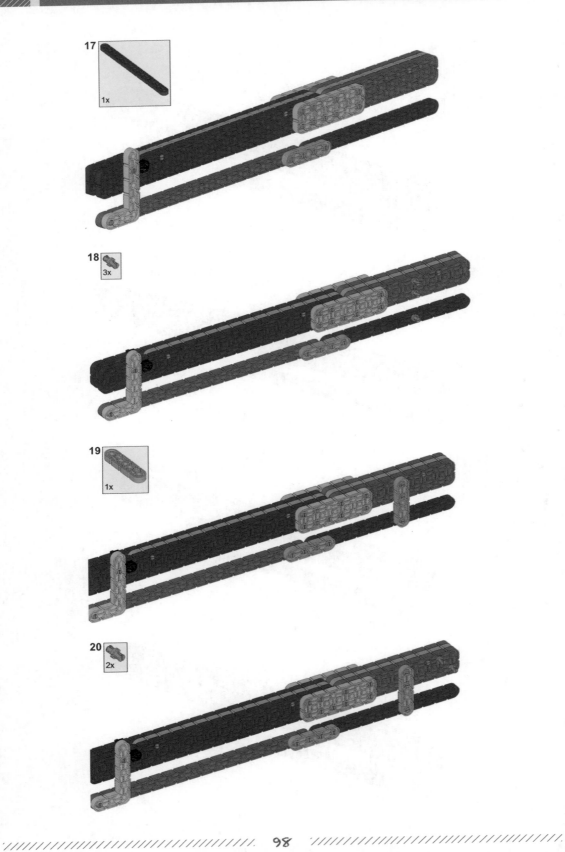

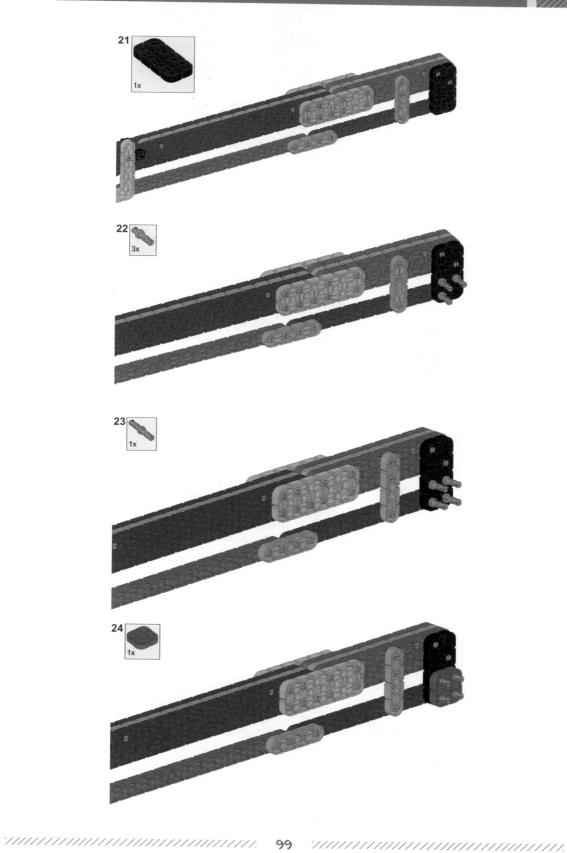

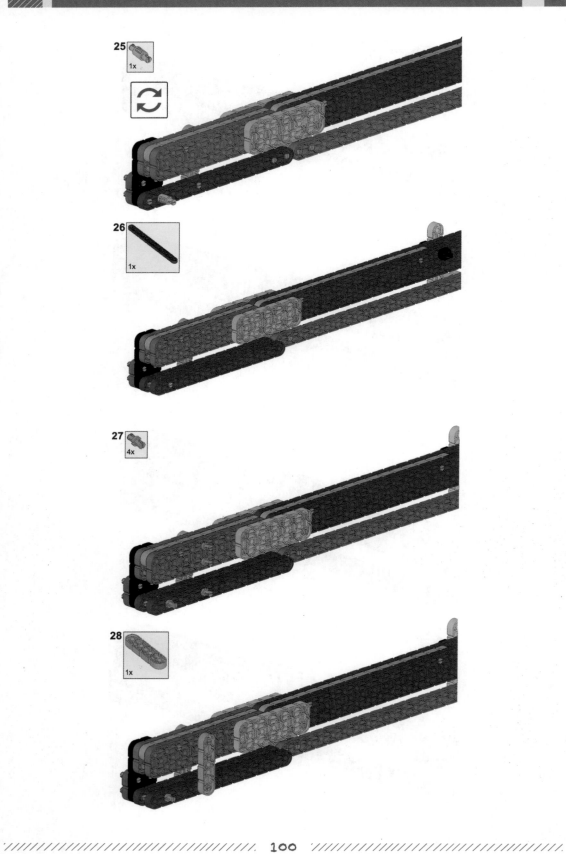

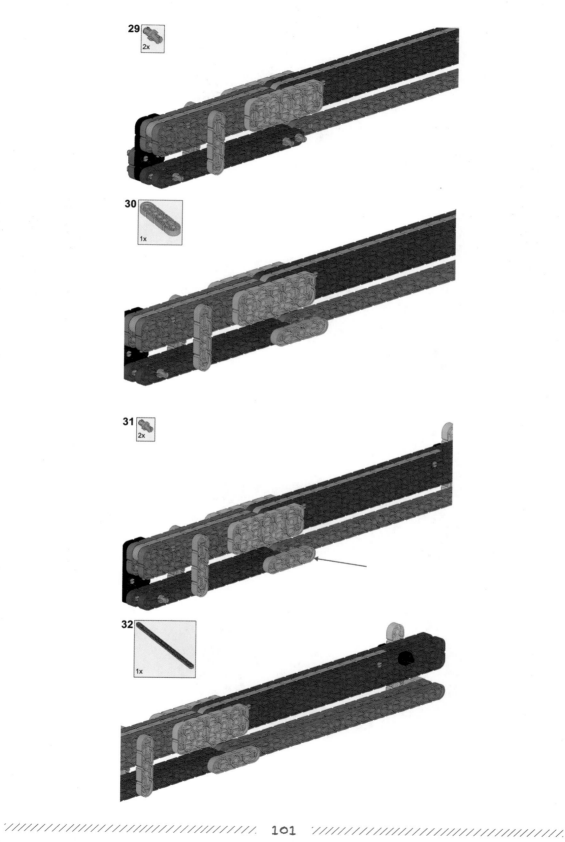

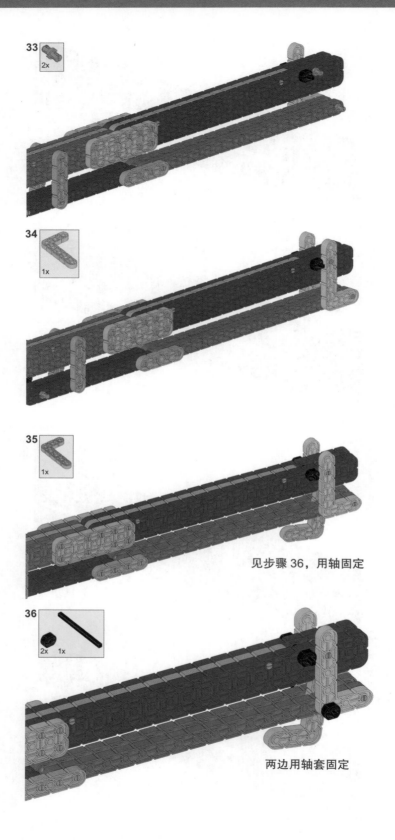

见步骤 36，用轴固定

两边用轴套固定

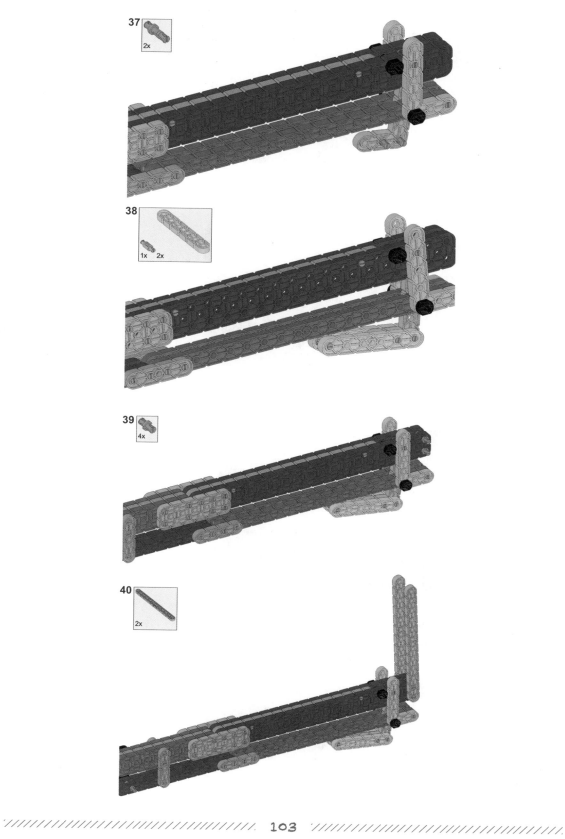

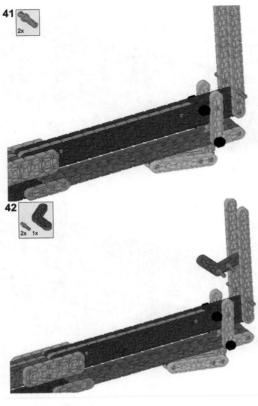

见步骤 44，
用轴固定

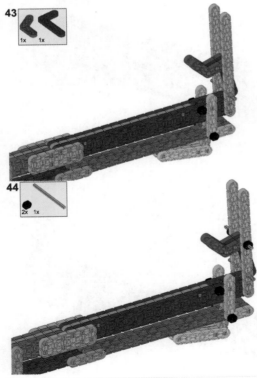

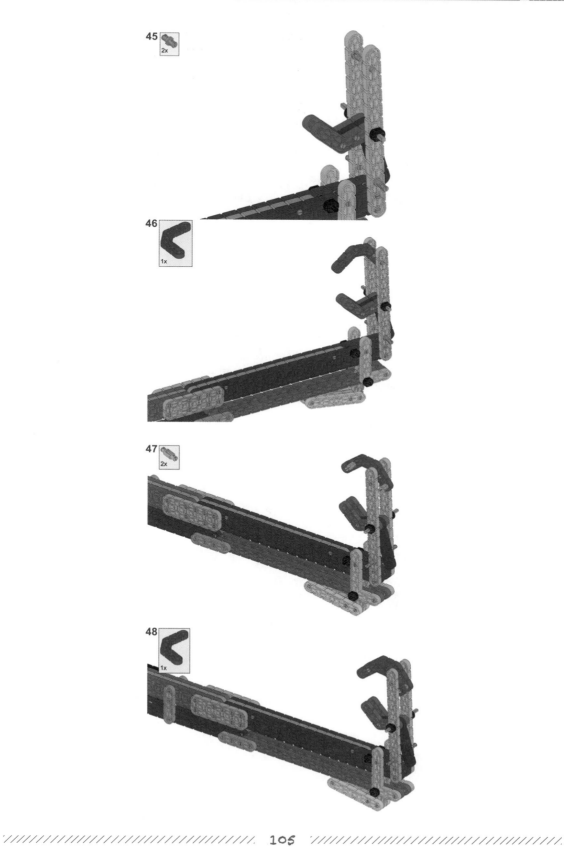

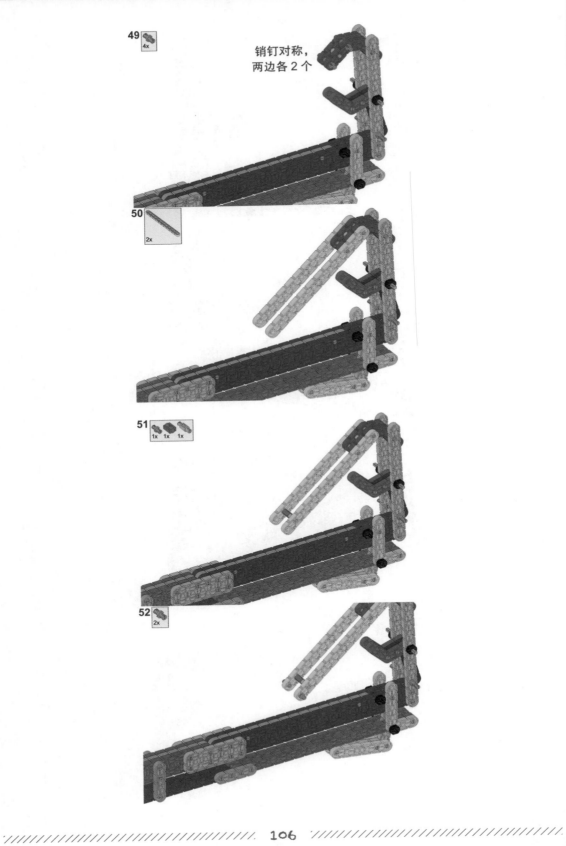

销钉对称，
两边各 2 个

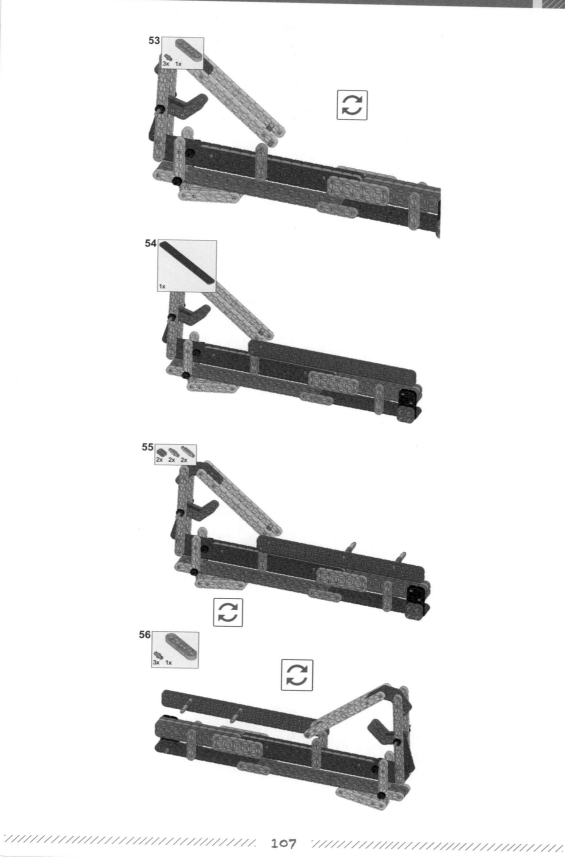

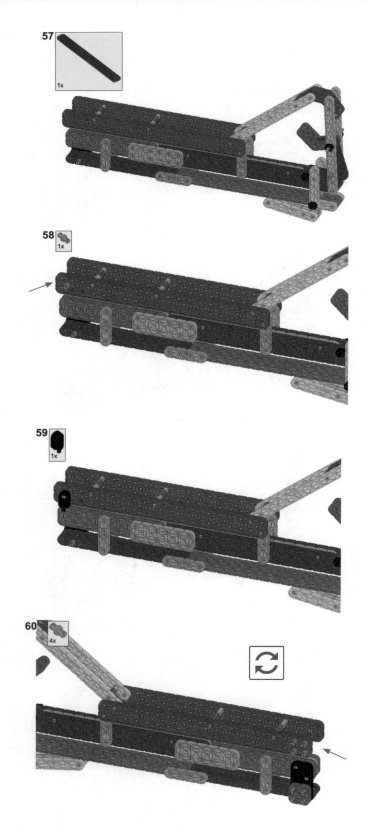

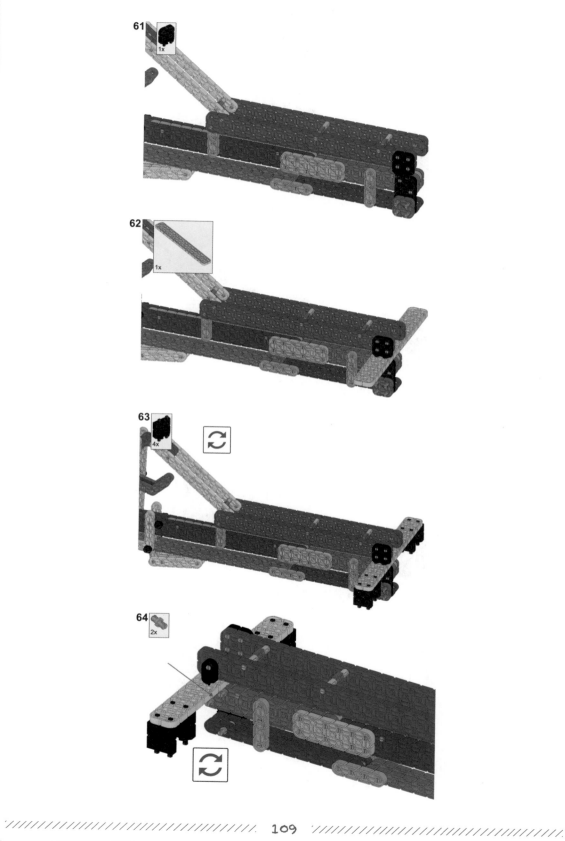

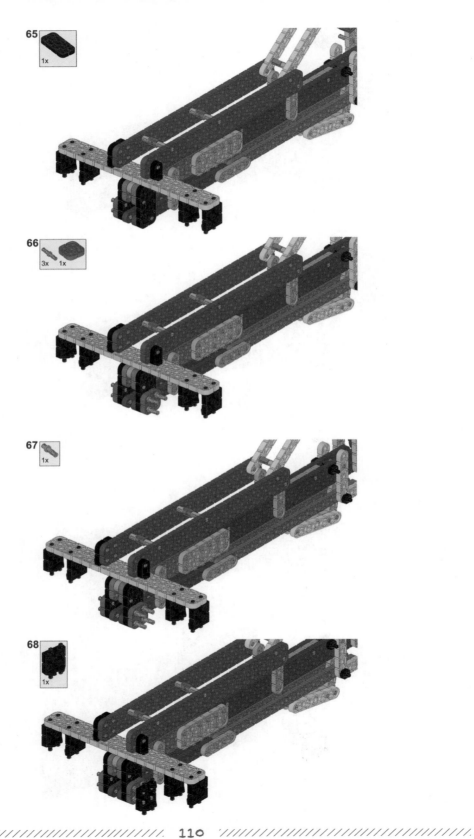

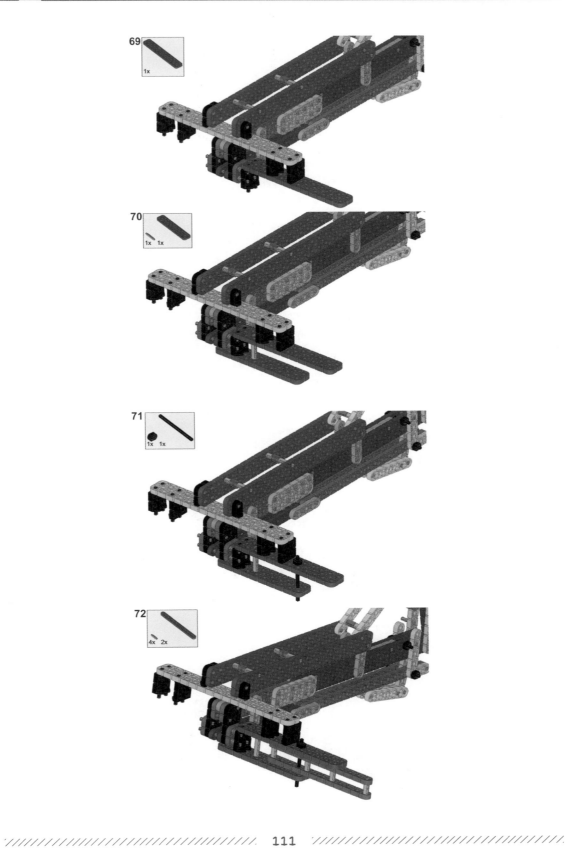

69
1x

70
1x　1x

71
1x　1x

72
4x　2x

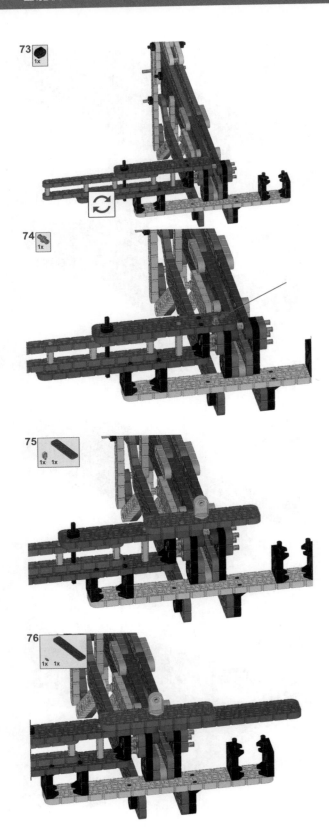

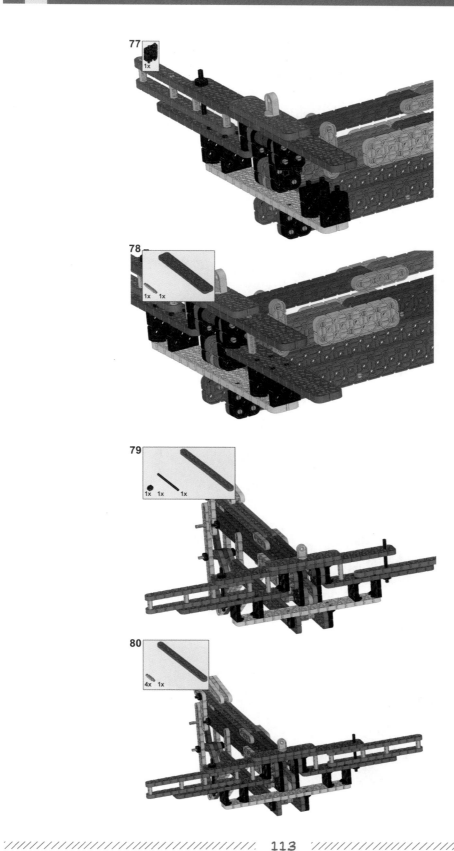

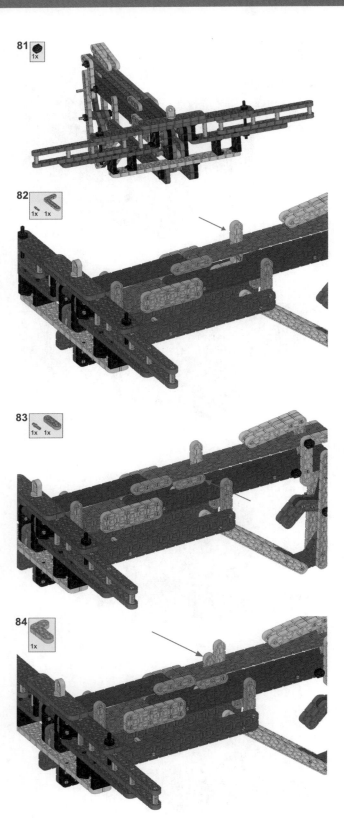

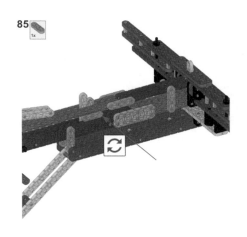

3.1.4　课程总结

1）古代的兵器有哪些？

2）橡皮筋如何发射子弹？

3.2　旋转陀螺

3.2.1　陀螺介绍

陀螺指的是绕一个支点高速转动的刚体。陀螺也是我国民间最早的娱乐工具之一。陀螺的形状上半部分一般为圆柱体，下方尖锐。以前多用木头制成，现在多为塑料或金属制成。玩时可用绳子缠绕陀螺，用力抽绳，使其直立旋转，或利用发条的弹力旋转。传统古陀螺大致是木或铁制成的倒圆锥体，玩法是用鞭子抽打。

现在已有很多用发射器发射的陀螺玩具。当然，还有一些"手捻陀螺"十分普及。陀螺是青少年们十分熟悉的玩具，风靡全世界。中国是陀螺的老家，从山西夏县新石器时代的遗址中，就发掘出了石制陀螺。可见，陀螺在我国最少有几千年的历史。

陀螺

石制陀螺

3.2.2　结构认识

1. 组装简易陀螺

用一根轴、一个齿轮、一个轴套，组成一个简易陀螺。

简易陀螺

搭建陀螺

要让陀螺立起来，必须不断地用外力抽打，一旦失去外界力量的帮助，陀螺很快就会倒下来。陀螺在旋转的时候，不但围绕自身轴线转动，而且还围绕一个垂直轴作锥形运动。也就是说，陀螺一面围绕自身轴线作"自转"，一面围绕垂直轴作"公转"。陀螺围绕自身轴线作"自转"运动速度的快慢，决定了陀螺摆动角的大小。转得越慢，摆动角越大，稳定性越差；转得越快，摆动角越小，因而稳定性也就越好。陀螺高速自转时，在力偶作用下，不沿力偶方向翻倒，而绕着支点的垂直轴作圆锥运动。

相同原理的还有地球运动的两种形式：自转与公转。

地球自转一周的时间是 23 小时 56 分 4 秒，地球不发光也不透明，地球绕自转轴自西向东转动，产生了昼夜更替现象。向着太阳的半球，是白天，背着太阳的半球，是黑夜。

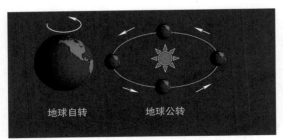

地球自转与公转

地球公转一周的时间大约是一年，公转和地轴倾斜产生了四季的变化。

尼古拉·哥白尼，是文艺复兴时期的波兰天文学家、数学家。在哥白尼 40 岁时，他提出了"日心说"，并经过长年的观察和计算完成了伟大著作《天体运行论》。

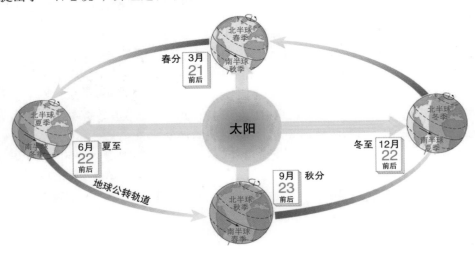

天体运行

2. 齿轮传动

搭建陀螺需要用到齿轮，依靠齿与齿的啮合进行工作的叫作齿轮传动，齿轮传动是机械传动中最重要的传动之一。

两个或多个齿轮组合叫作齿轮组。

（1）齿轮传动的特点

1）优点：

动力传递准确。

传动力大。

结构紧凑。

工作可靠、寿命长。

2）缺点：

噪声大。

易损坏。

不适用于远距离的传动。

（2）齿轮的啮合方式

1）平行啮合：齿轮啮合在同一水平面。

2）垂直啮合：齿轮啮合不在同一水平面。

平行啮合

垂直啮合

（3）动力传递

1）主动轮：提供动力的齿轮（或与电动机连接的齿轮），也就是带动其他齿轮转动的齿轮。

2）从动轮：被动跟着主动轮旋转的齿轮叫作从动轮。

如上，如果电动机连接在大齿轮上，那么大齿轮为主动轮，小齿轮为从动轮；如果电动机连接在小齿轮上，那么小齿轮为主动轮，大齿轮为从动轮。

动力传递

（4）惰轮

如下，2 号齿轮是惰轮。在主动轮与末轮之间的齿轮叫作惰轮，它是为了改变从动轮的转向，增加传动距离，不会改变传动关系。

惰轮

（5）齿轮转动方向

两个齿轮平行啮合时，两个齿轮转动的方向相反。

多个齿轮平行啮合时，接触的两个齿轮转动方向相反，间隔的两个齿轮转动方向相同。

奇数号与奇数号的齿轮转动方向相同，偶数号与偶数号的齿轮转动方向相同。

齿轮转动方向相反

齿轮转动方向

如下图，请问哪几个齿轮转动方向相同？

多个齿轮传动

由上文可知，上图中 1 号与 3 号齿轮转动方向相同，2 号与 4 号齿轮转动方向相同。

3. 齿轮一级加速

1）请搭建出下面的模型。

当 60 齿的大齿轮为主动轮的时候，这是一个加速装置。

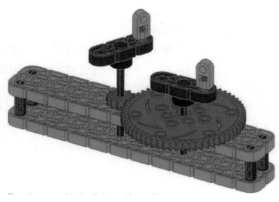

齿轮加速传动

2）请搭建出下面的模型。

当 60 齿的大齿轮为主动轮的时候，这也是一个加速装置，中间的齿轮是惰轮。

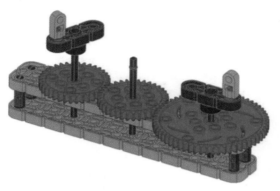

多个齿轮传动

4. 齿轮二级加速

如下图，1 号齿轮连接在电动机上，也就是主动轮。1 号齿轮带动 2 号齿轮转动，大齿轮带动小齿轮，这是一个加速装置；在 2 号齿轮的同一根轴上有一个 3 号大齿轮，2 号齿轮与 3 号齿轮的速度相同，3 号齿轮又带动 4 号齿轮转动，这又是一个加速装置，一共有两次加速，所以为二级加速装置。

二级加速装置

3.2.3　搭建模型

搭建参考

1. 搭建零件

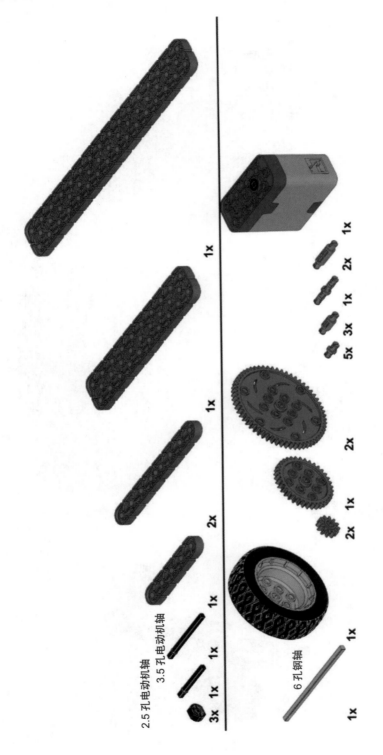

2. 搭建步骤

1

3x　1x

2

4x

3

1x

4

1x

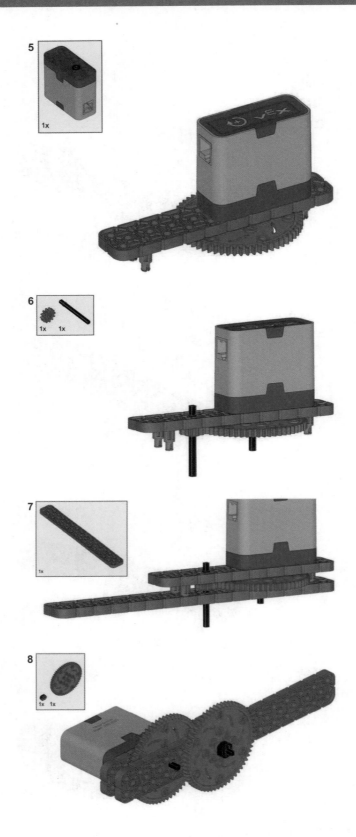

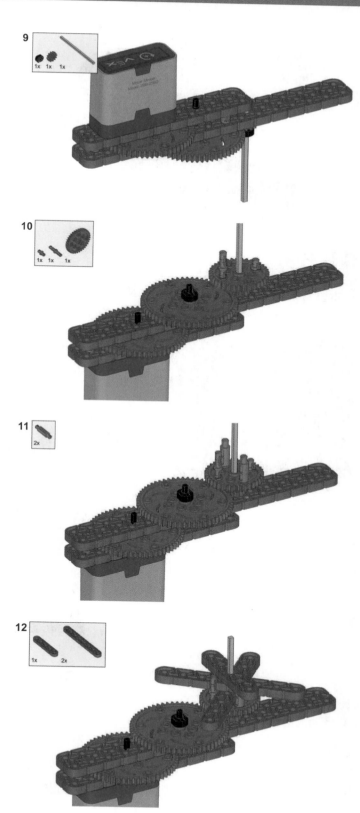

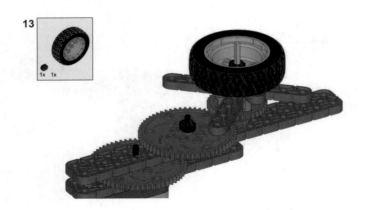

3.2.4 编程任务

请用主控器 Settings 里面端口测试的功能来驱动电动机转动。
试一试：使用主控器上的调试端口，进行电动机的驱动旋转。

驱动电动机旋转

1. 端口测试

按主控器上的 × 按钮，调到 Settings（设置）界面，选择第二行 Device Info（设备信息），选择 √ 按钮进入端口测试。

端口测试

2. 端口信息

Port 01 Motor：端口 1 连接的为电动机。

Speed：当前电动机速度（单位为转 / 分，在主控器中用 rpm 表示）。

Angle：电动机转动的角度。

Turns：电动机转动的圈数。

3. 电动机测试

通过 UP 和 DOWN 按钮可以看到其他端口信息（如果其他端口没连接的话，显示为空端口，任何传感器都可以通过此方法进行调试），可以检查传感器是否正常。

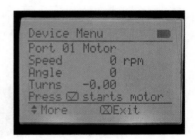

端口信息

选择√按钮进入电动机转动测试。

　　电动机转动后，可以通过 UP 和 DOWN 按钮进行速度的调节，如果 DOWN 按钮一直按着，速度会变负数，电动机会反转。

4. Settings（设置）

System Info：系统消息。

Voltage：电压电量。

Radio Data：遥控器信号强度。

Radio Losses：遥控器信号丢失率。

ID：编号、版本号。

Calibrate Controller：校准遥控器。

Start at：开机界面（选 Home）。

Reset all Settings：恢复默认设置。

Erase User Programs：删除程序。

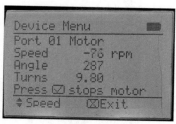

电动机信息

 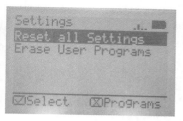

设置

3.2.5　课程总结

1）地球自转的时间与地球公转的时间是多少？

地球自转一周的时间是 23 小时 56 分 4 秒。

地球公转一周的时间大约是一年。

2）大齿轮带动小齿轮的特点是什么？

加速、转矩小。

3.3　摩天轮

3.3.1　摩天轮介绍

　　大家可能都坐过摩天轮。摩天轮是一种大型转轮状的机械建筑设施，上面挂在轮边缘的是供乘客乘坐的座舱。乘客坐在座舱中随着摩天轮慢慢地往上转，可以从高处俯瞰四周景色。

摩天轮

摩天轮起源于美国。最早的摩天轮是由美国人乔治·法利士（George Washington Ferris）在 1893 年为芝加哥的博览会设计的，目的是与巴黎在 1889 年博览会建造的巴黎铁塔一较高下。第一个摩天轮重 2200 吨，可乘坐 2160 人，高度相当于 26 层楼。正由于法利士的成就，日后人们皆以"法利士巨轮"（Ferris Wheel）来称呼这种设施，也就是我们所熟悉的摩天轮。

下面是新加坡摩天轮，又名飞行者摩天轮（Singapore Flyer），其设计制造由奥雅纳公司和三菱重工公司承担，高 165 米，相当于 42 层楼高，比英国伦敦的"伦敦眼"还要高 30 米。

美国摩天轮　　　　　　　　　　　　　　　　　　　新加坡摩天轮

下面是"南昌之星"摩天轮，位于江西省南昌市红谷滩新区红角洲赣江边上的赣江市民公园，是南昌市标志性建筑。该摩天轮高 160 米，转盘直径为 153 米。

南昌摩天轮

大家想一想，摩天轮需要用到什么样的齿轮传动结构呢？需要加速还是减速装置呢？

前面讲到了齿轮的加速装置，那么接下来我们先来了解一下减速装置，再确定搭建摩天轮需要什么传动模式。

3.3.2　齿轮传动

1. 一级减速

当小齿轮（齿数少）为主动轮，大齿轮为从动轮的时候，即为减速装置。

2. 二级减速

如下图，与电动机相连的是 1 号齿轮，带动 2 号齿轮转动，这是一个减速装置；在 2 号齿轮的同一根轴上，有一个 3 号齿轮，这个 2 号齿轮与 3 号齿轮速度相同，3 号齿轮又带动 4 号齿轮转动，这里又是一个减速装置，一共减速了两次，所以为二级减速装置。

减速装置

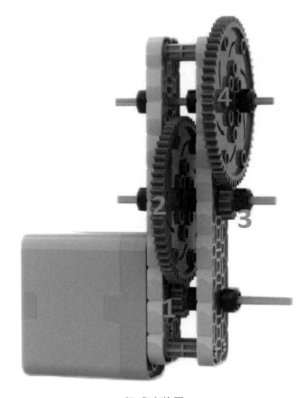

二级减速装置

3. 特点

加速装置输出的力量小（转矩小），但是速度快。

减速装置输出的力量大（转矩大），但是速度慢。

如下图是一个传送带，在地铁站或者机场都见过，传送带的速度慢，但是可以运输很重的行李，所以需要转矩很大的装置。

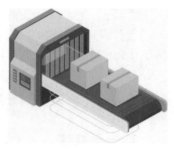

4. 计算传动比

$$齿轮传动比 = 从动轮齿数 / 主动轮齿数$$

传送带

前面我们学习过惰轮。看齿轮传动是加速还是减速装置，只需要看主动轮与末轮，主动轮与末轮之间不管增加多少齿数的齿轮，都可以忽略不计，我们通过计算传动比就可以完全理解这个原理。

如下图，假设 1 号齿轮为主动轮，计算齿轮传动比。我们从左往右计算齿轮传动比。1 号齿轮的齿数是 36，2 号齿轮的齿数是 60，3 号齿轮的齿数是 12。当 1 号齿轮带动 2 号齿轮转动时，齿轮传动比 = 60 / 36 = 5 / 3；对于 3 号齿轮来说，2 号齿轮是主动轮，齿轮传动比 = 12 / 60 = 1 / 5；总的齿轮传动比 =（5 / 3）×（1 / 5）= 1 / 3；

当不计算惰轮时的齿轮传动比 = 12 / 36 = 1 / 3，两个数值相等。

对于主动轮来说，惰轮算是从动轮，但是对于后面的齿轮来说，惰轮又是主动轮，这样就相互抵消了。

请计算齿轮传动比：大齿轮的齿数为 16，小齿轮的齿数为 12，请分别计算大齿轮为主动轮和小齿轮为主动轮时的齿轮传动比。

计算齿轮传动比

$$大齿轮为主动轮时（加速）：齿轮传动比 = 12 / 16 = 0.75$$
$$小齿轮为主动轮时（减速）：齿轮传动比 = 16 / 12 = 1.33$$

可得出：

加速传动的齿轮传动比小于 1。

减速传动的齿轮传动比大于 1。

5. 齿轮转速

$$齿轮传动比 = 主动轮转速 / 从动轮转速$$

例如，主动轮转速为 240 转 / 分，从动轮转速为 480 转 / 分，请计算齿轮传动比。

$$齿轮传动比 = 240 / 480 = 0.5$$

主动轮转速比从动轮转速小，所以这是一个加速装置，齿轮传动比小于 1。

举一反三：有一对传动齿轮，主动轮转速是 480 转 / 分，主动轮齿数是 20，从动轮齿数是 40，则从动轮转速是（　　　）转 / 分。

A. 120　　　　　　　B. 240　　　　　　　　C. 480　　　　　　　　D. 960

解析：已知主动轮与从动轮齿数，那么我们可以先计算出齿轮传动比 = 从动轮齿数 / 主动

轮齿数 = 40 / 20 = 2；又已知主动轮转速为 480 转 / 分，套进公式中，2 = 480 / 从动轮转速，所以从动轮转速为 240 转 / 分。因此选 B。

如下图，大齿轮齿数是 60，小齿轮齿数是 12。如果大齿轮为主动轮，那么此时是一个加速装置。如果大齿轮转速为 100 转 / 分，那么从动轮转速是多少转 / 分呢？

首先计算齿轮传动比，12 / 60 = 1 / 5，已知大齿轮转速是 100 转 / 分，所以小齿轮转速是 100 × 5 = 500 转 / 分。

计算齿轮转速

3.3.3　传感器

搭建摩天轮模型时我们还会用到一个传感器——碰撞开关，用于控制摩天轮的转动与停止。

碰撞开关状态有 0 和 1，0 表示关闭（没有按下按钮），1 表示开启（按下按钮）。

碰撞开关

3.3.4　搭建模型

搭建参考

因为摩天轮很大，需要很大的力量来使摩天轮转动，所以需要使用减速装置搭建出摩天轮。

1. 搭建零件

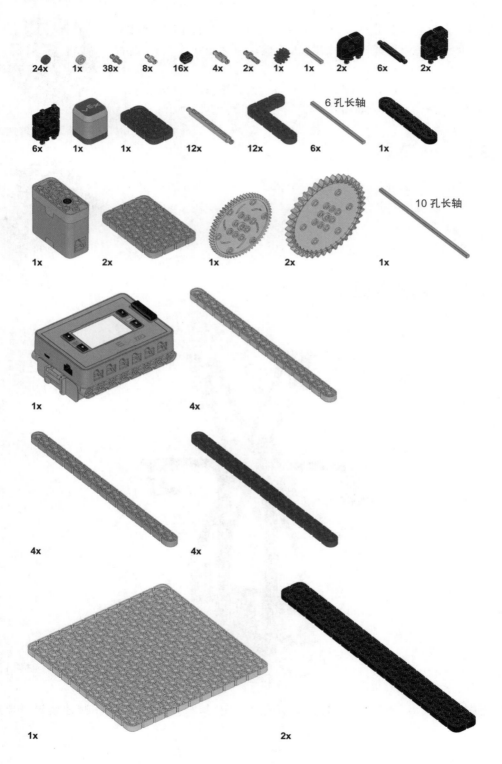

24x 1x 38x 8x 16x 4x 2x 1x 1x 2x 6x 2x

6x 1x 1x 12x 12x 6孔长轴 6x 1x

1x 2x 1x 2x 10孔长轴 1x

1x 4x

4x 4x

1x 2x

2. 搭建步骤

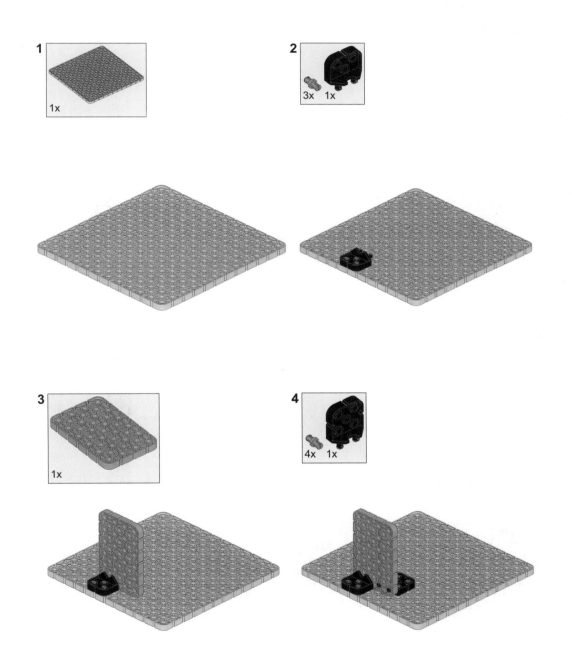

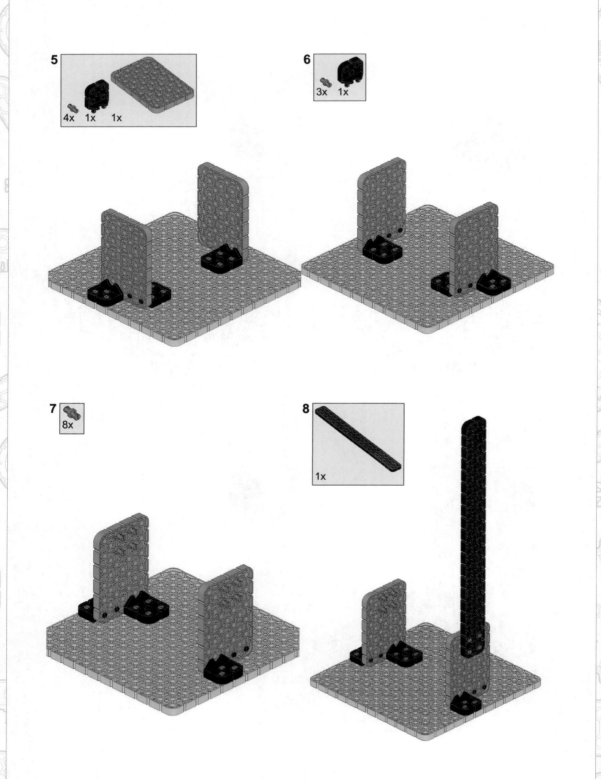

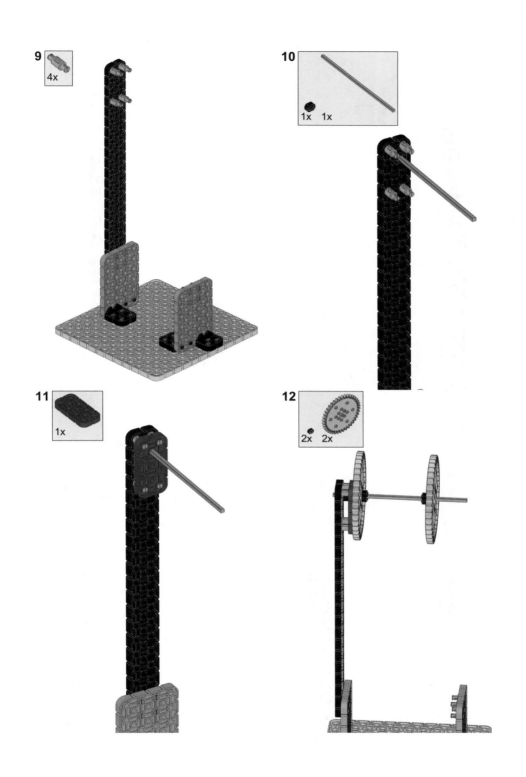

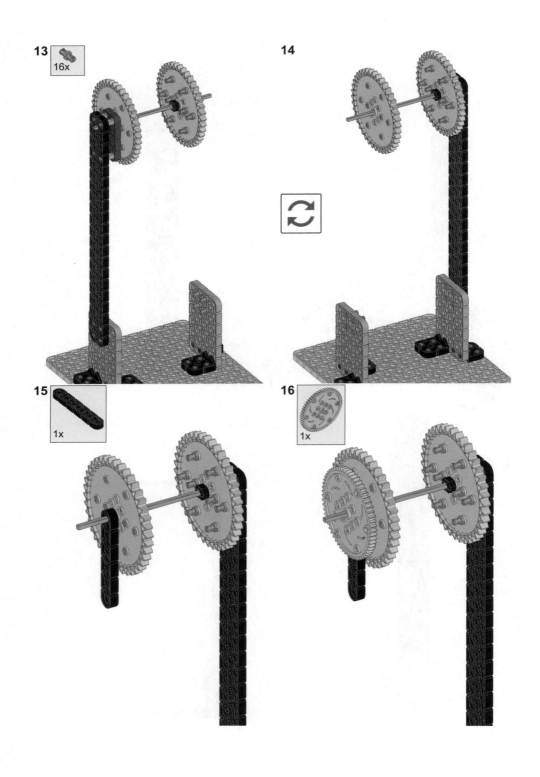

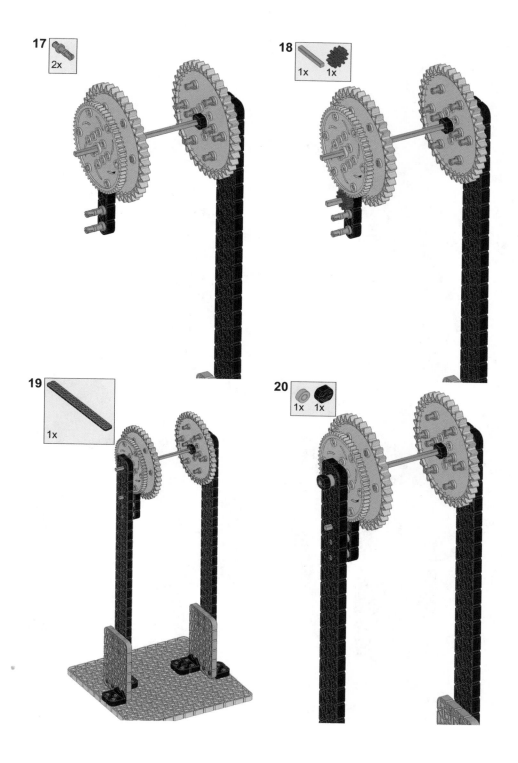

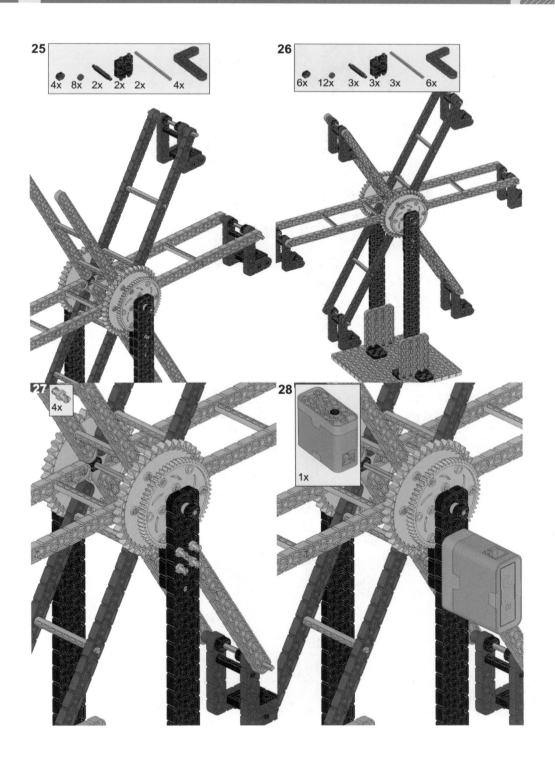

29

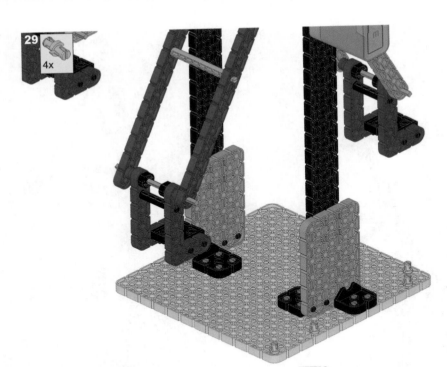

4x

30

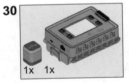

1x **1x**

3.3.5 电动机设置

试一试：使用主控器上的调试端口，进行电动机的驱动旋转。

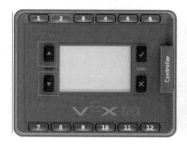

驱动电动机旋转

1. 端口测试

按主控器上的 × 按钮，调到 Settings（设置）界面，选择第二行 Device Info（设备信息），选择√按 钮进入端口测试。

端口测试

2. 端口信息

Port 01 Motor：表示端口 1 连接 的为电动机。

Speed：为当前电动机速度。

Angle：电动机转动的角度。

Turns：电动机转动的圈数。

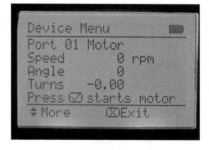

端口信息

3. 电动机测试

通过 UP 和 DOWN 按钮可以看 到其他端口信息（如果其他端口没插 的话，显示为空端口，任何传感器都 可以通过此方法进行调试），可以检 查传感器是否正常。选择√按钮进入 电动机转动测试。

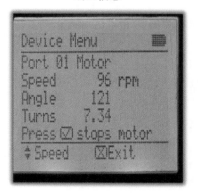

端口信息

电动机转动后，可以通过 UP 和 DOWN 按钮进行速度的调节，如果 DOWN 按钮一直按着，速度会变负数，电动机会反转。

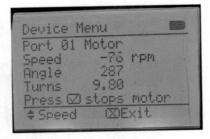

电动机测试

3.3.6　编程任务

见下图，将碰撞开关接到一个端口，程序中的 Bumper6 与端口数对应。当按下碰撞开关，就会播放警报声。编写程序下载到主控器试一试吧。

在按钮按下并保持按下状态的时候，运行为空。

本节编程任务：设定好电动机的转速，当按下按钮，摩天轮转动并播放音符；当再次按下按钮的时候，摩天轮停止转动。

设计思路 1：运用奇偶次数。count 的初始值为 0，count 一直在增加 1，当 count 为奇数的时候，电动机转动；当 count 为偶数的时候，电动机停止转动（当第一次按下按钮，count = 1，电动机转动；再次按下按钮，count = 2，电动机停止……）。请画出流程图。

设计思路 2：定义一个状态变量，状态的初始值为 0。当按下按钮等到松开按钮时，如果此时的状态为 1，那么松开按钮后将状态转为 0；如果松开按钮时的状态为 0，则松开按钮后将状态转为 1（这种方法称为状态互锁）。

Bumper 程序

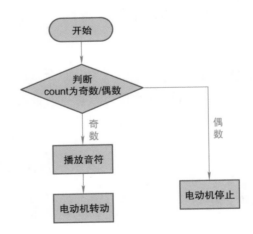

3.3.7　程序参考

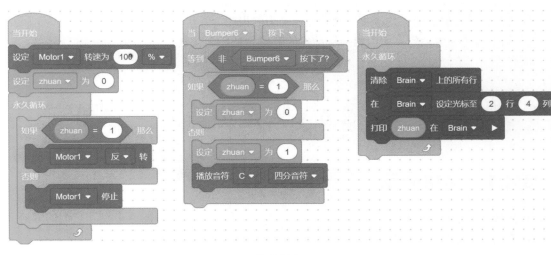

参考程序 1

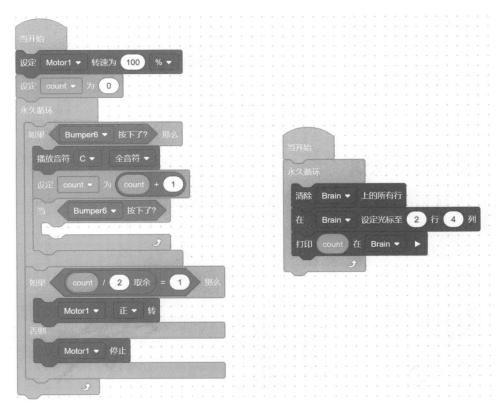

参考程序 2

3.3.8　课程总结

1）请解释主动轮与从动轮。

主动轮：提供动力的齿轮，也就是带动其他齿轮转动的齿轮。

从动轮：被动的齿轮，是接收主动轮传递动力的齿轮。

2）当小齿轮为主动轮，大齿轮为从动轮的时候，是什么装置？

减速装置。

3.4　六足虫

3.4.1　昆虫介绍

昆虫纲，不仅是节肢动物门，也是整个动物界中种类和数量最多的一个纲，它们的踪迹几乎遍布世界的每一个角落。现在已知的昆虫超过 100 万种，但仍有许多种类尚待发现。

昆虫的特征：

1）身体由若干环节组成，这些环节集合成头、胸、腹三个部分。

2）头部不分节，是感觉与取食的中心，具有口器和 1 对触角，通常还有复眼或单眼。

3）胸部分为 3 节，可能某些种类其中某一节特别发达而其他两节退化得较小。胸部是运动的中心，具有 3 对足，一般成虫还有 2 对翅，也有一些种类完全退化。

4）腹部一般分为 11 节，但也常常演化为 8 节、7 节或 4 节。分节数目虽不相等，但都没有足或翅等；腹部是生殖与营养代谢的中心，其中包含着生殖器官及大部分内脏。

5）昆虫在生长发育过程中，通常要经过一系列内部及外部形态上的变化，即变态过程。

3.4.2　结构认识

本节课搭建的六足虫需要用到连杆结构，请观察下面三幅图，你能搭建出简单的连杆结构吗？

连杆结构

连杆机构是机械的组成部分中的一类，指由若干有确定相对运动的构件用低副联接组成的机构。平面连杆机构中最常用的是四杆机构，它的构件数目最少，且能转换运动。多于四杆的平面连杆机构称多杆机构，它能实现一些复杂的运动，但杆多且稳定性差。

3.4.3　遥控器模式

六足虫可以使用遥控器控制，当按下按钮，六足虫会进行相应的动作。

VEX IQ 遥控器两个操纵杆有四个通道（A、B、C、D），以及四组按钮（L、R、E、F），都可以进行独立编程。

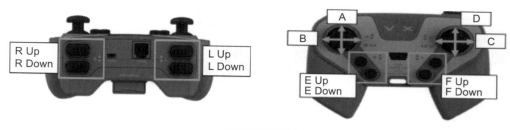

遥控器按钮解析

3.4.4　搭建模型

搭建参考

1. 搭建零件

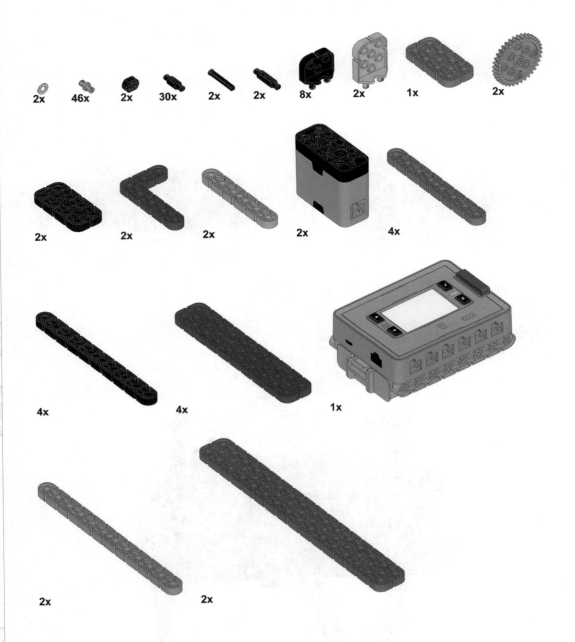

2. 搭建步骤

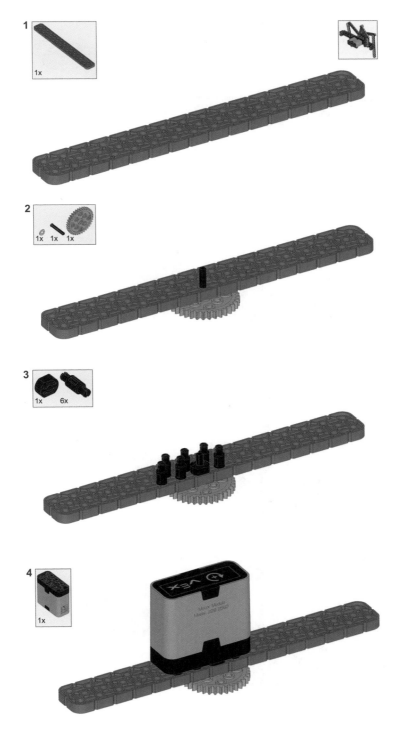

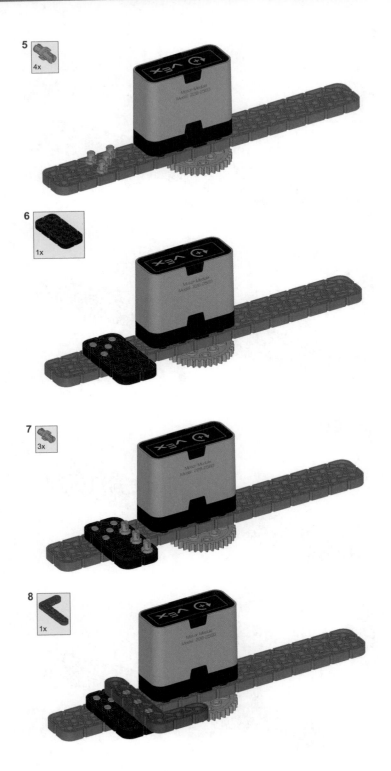

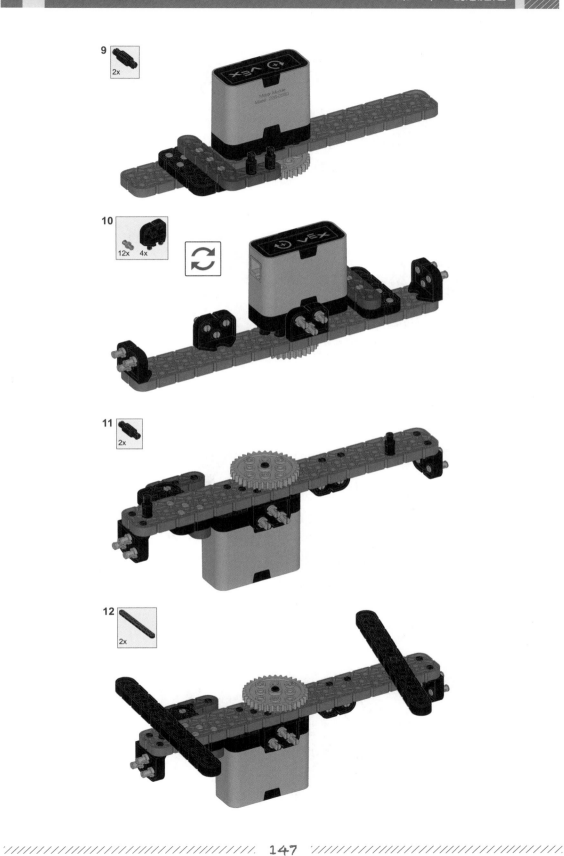

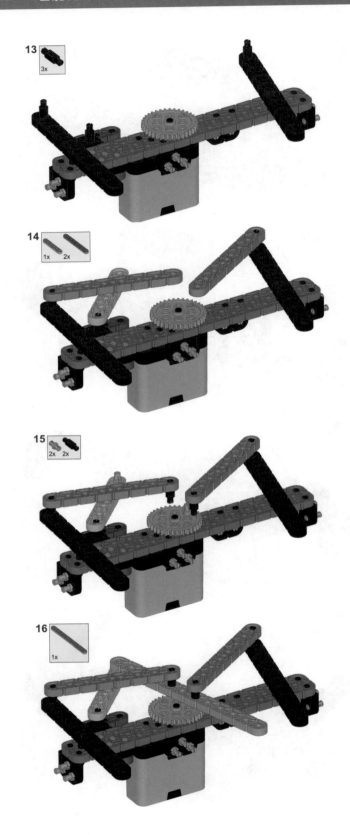

17

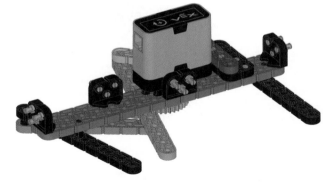

18

19

20

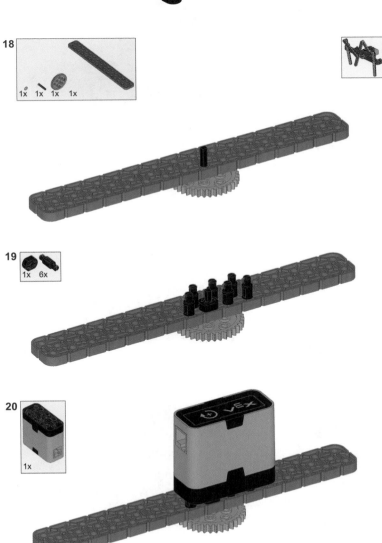

21 4x

22 1x

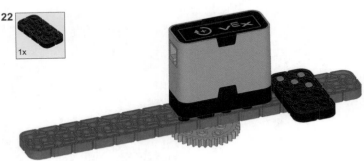

23 3x

24 2x 1x

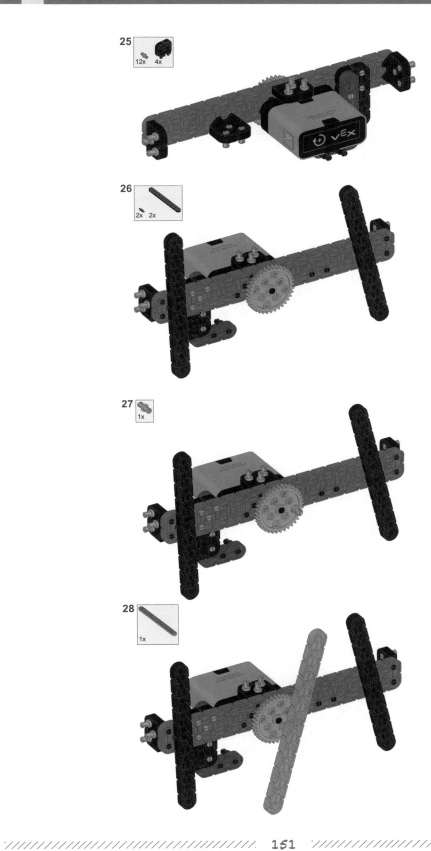

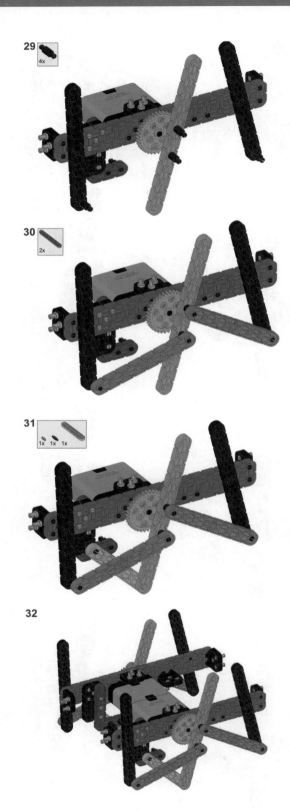

33
1x

34
1x

35
4x 1x 1x

36
1x

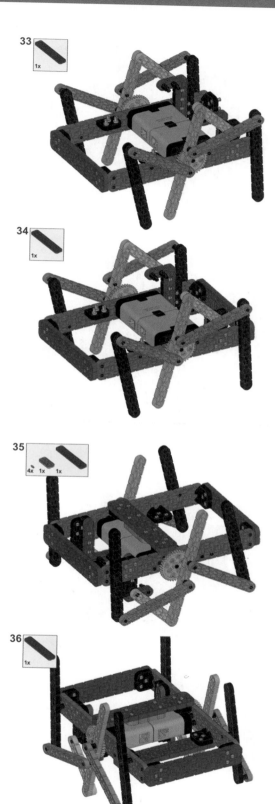

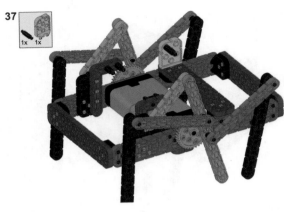

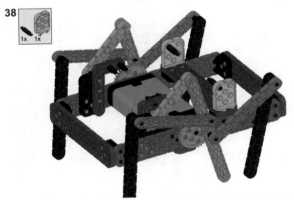

3.4.5   编程任务

1. 无须编程方式

主控器内置程序：Programs → Driver Control → Run。

内置程序方式

改变遥控器控制方式：Programs → Driver Control → Configure。

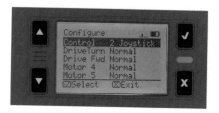

遥控器控制方式

控制方式：

1）Joystick： 双 操 纵 杆 控 制，CHA 控制前后，CHC 控制左右。

2）Left Stick：左操纵杆控制。

3）Right Stick：右操纵杆控制。

通过√按钮来选择控制方式。

2. VEXcode IQ 编程方式

端口配置界面：选择两个底盘的底盘模式。

选择端口界面：GYRO（陀螺仪）不勾选。

配置界面

选择端口

添加遥控器方式：在配置底盘模式下可以单击遥控器的操纵杆进行控制模式的改变。之后下载程序，运行程序。

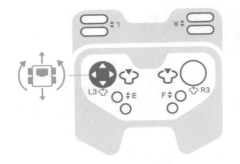

左操纵杆控制　　　　　　　　　右操纵杆控制

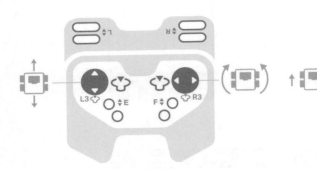

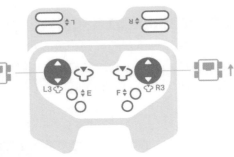

左右操纵杆控制　　　　　　　　　坦克模式控制

坦克模式：两个操纵杆通道分别控制两个电动机。

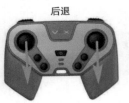

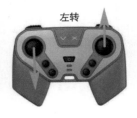

坦克模式示意

3.4.6　课程总结

采用上述两种操纵杆的控制方式，分别编程，实现前后左右移动。

1）了解连杆运动原理。

2）了解程序自带遥控器配置。

3.5　LED 抽奖机

3.5.1　抽奖机介绍

制作一个抽奖机，当三个 LED 颜色相同时即为中奖，发出声音。

3.5.2　搭建模型

LED 抽奖机

3.5.3　编程任务

端口配置

端口配置	port1	port2	port3	port4
名称	LED1	LED2	LED3	Bumper4
功能	变换色彩	变换色彩	变换色彩	启动

1. 编程任务一

单独让 LED1 变换 7 种颜色，每种颜色之间相隔 0.1s，循环 5 次。

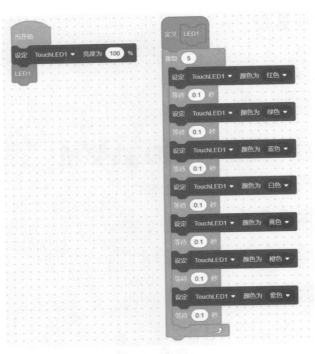

LED 变色程序

2. 编程任务二

LED1 作为呼吸灯使用。

呼吸灯：亮度从暗慢慢变亮，再从亮慢慢变暗。

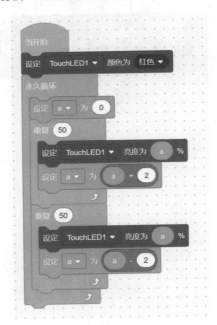

呼吸灯程序

3. 编程任务三

让三个 LED1 变换 7 种颜色，每个颜色之间相隔 0.1s，循环 5 次。

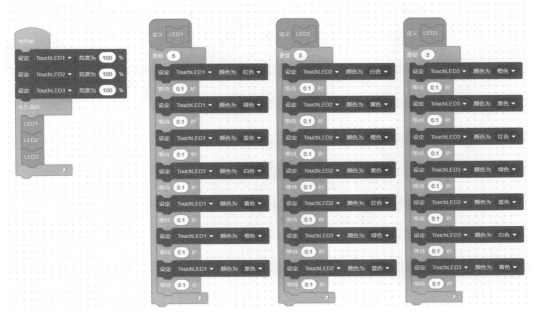

变换 7 种颜色程序

运行程序会发现，三个 LED 是依次点亮的，如何实现三个同时亮呢？

设计思路：运用广播。

1）加入启动按钮。

2）广播与收到。

思考：自定义模块与广播区别？

1）多个自定义模块不具备同步运行功能，是按顺序执行的。

2）广播与收到可以同步运行。

4. 编程任务四

利用随机数，让三个 LED 颜色根据随机数进行颜色判断。

1）随机数的产生与打印，根据前面的颜色设置了 7 种颜色，利用随机数求余数的形式产生对应的余数进行判断。

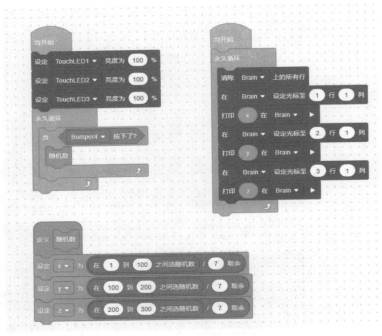

加入随机数程序

2）余数对应的颜色判断。

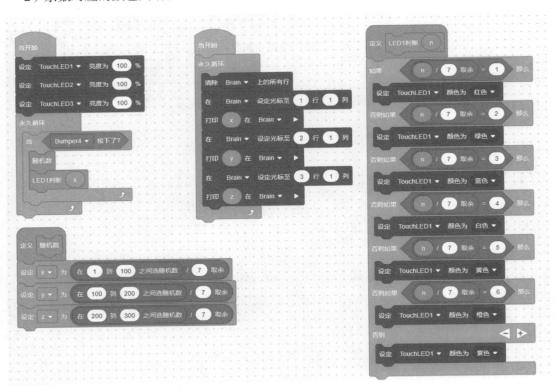

求余程序

3）三个随机数余数颜色判断。

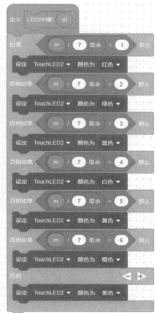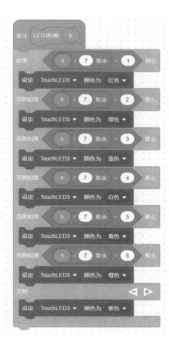

求余颜色判断程序

4）调用模块。

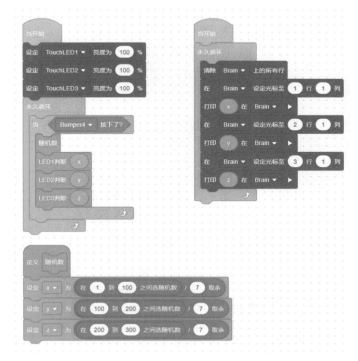

调用模块程序

5. 编程任务五

加入三个变量的判断，当三个变量相等时，播放声音表示中奖。

图片：加入变量程序

3.5.4　课程总结

1）自定义模块。
2）广播与收到。
3）随机数。
4）求余数。

3.6　一战飞机

3.6.1　一战飞机介绍

在第一次世界大战中各种新式武器，如飞机、坦克、远程大炮相继投入战争，这段历史也成为武器发展史的重要阶段。

第一次世界大战之前已经有飞机并且可以作战了，但是使用飞机的国家少之又少，当时飞机并不被认为可以作战，飞机的稳定性非常差。可是，在第一次世界大战当中，飞机硬生生地被推上了战场，从此飞机变成了争夺制空权的利器。

一战飞机

在第一次世界大战的空中战场上，一件小小的机枪射击协调器带来了空战优势，造就了一批王牌飞行员。

当时德国人根据俘获的法国飞机上的偏转片系统，从而获得灵感设计出了机枪射击协调器，飞行员在按动机枪发射键时，子弹并不是随时击发的，而是有一个协调装置，等离枪口最近的那一片扇叶转过去以后子弹才被击发。当然，这是一个非常短暂的时间，不会影响到瞄准精度。我们看到螺旋桨扇叶转得很快，其实子弹的出膛速度比螺旋桨还要快，所以，不会打到螺旋桨。

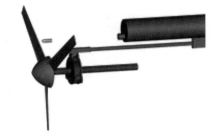

螺旋桨

3.6.2　搭建模型

搭建参考

1. 搭建零件

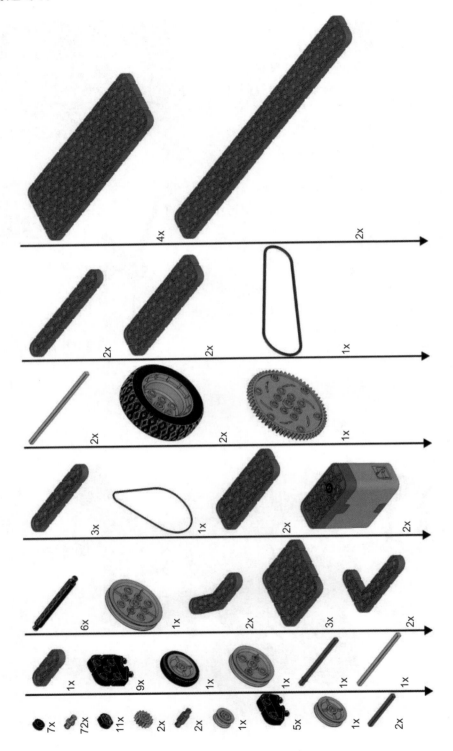

2. 搭建步骤

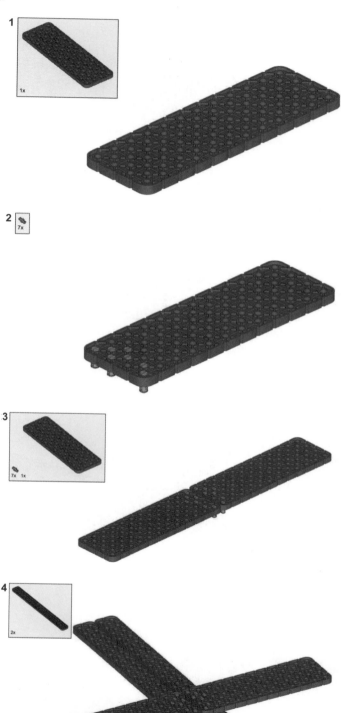

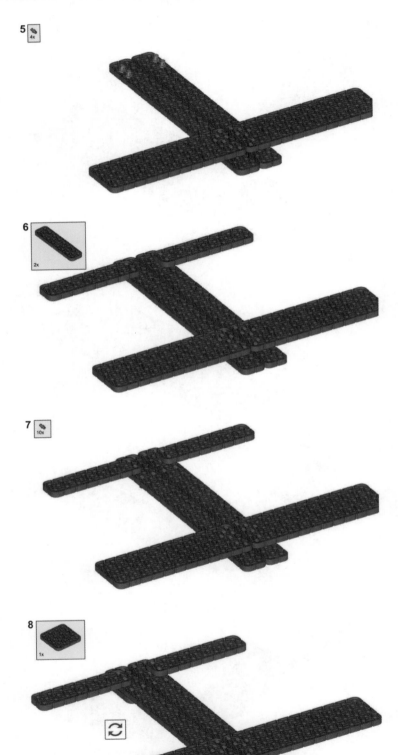

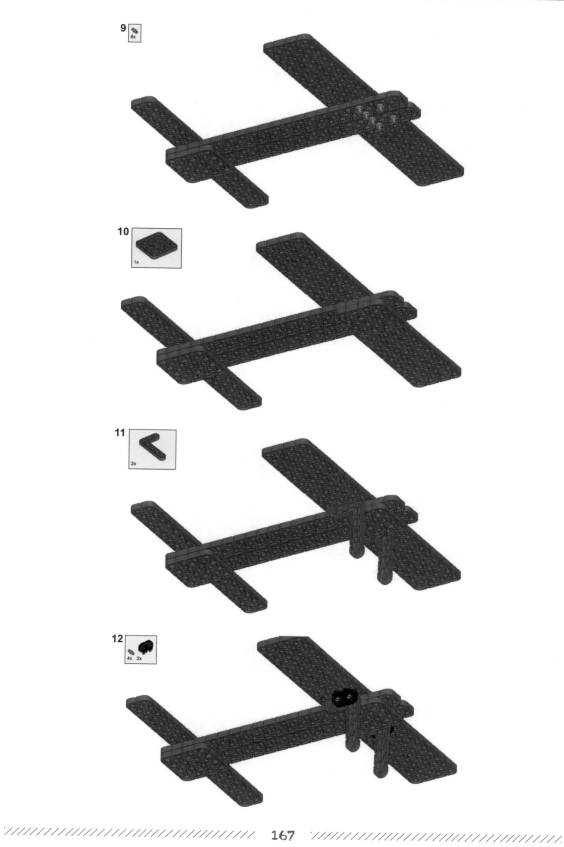

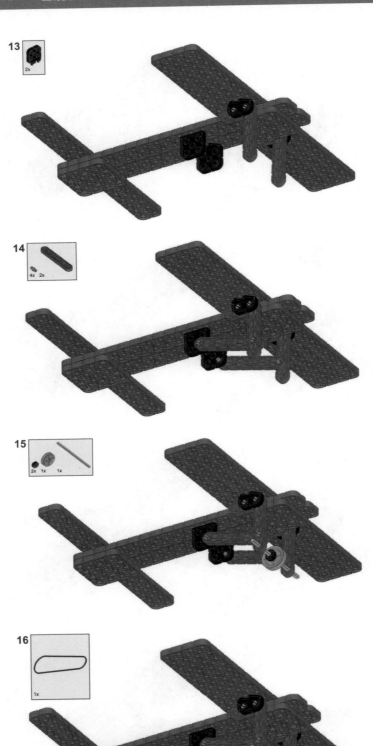

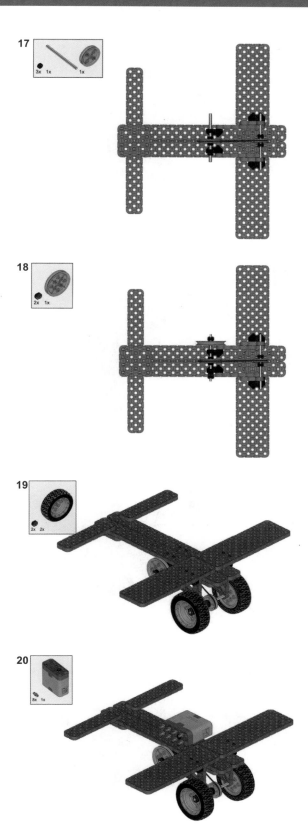

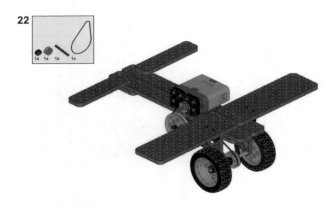

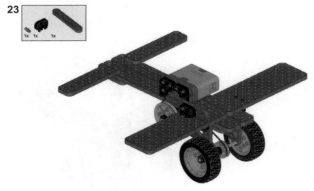

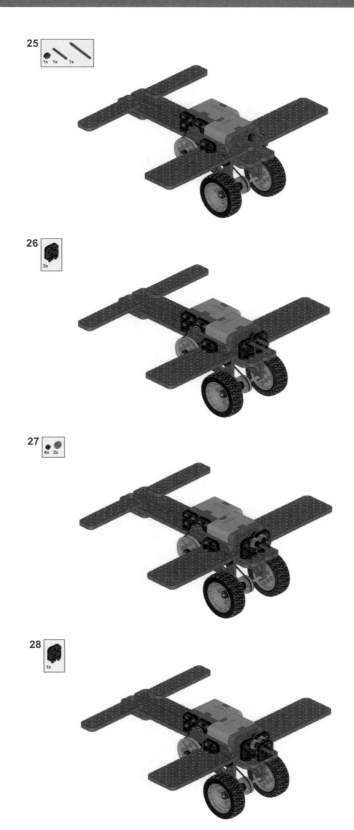

29

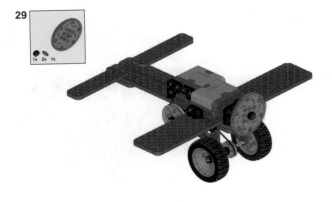

30

31

32

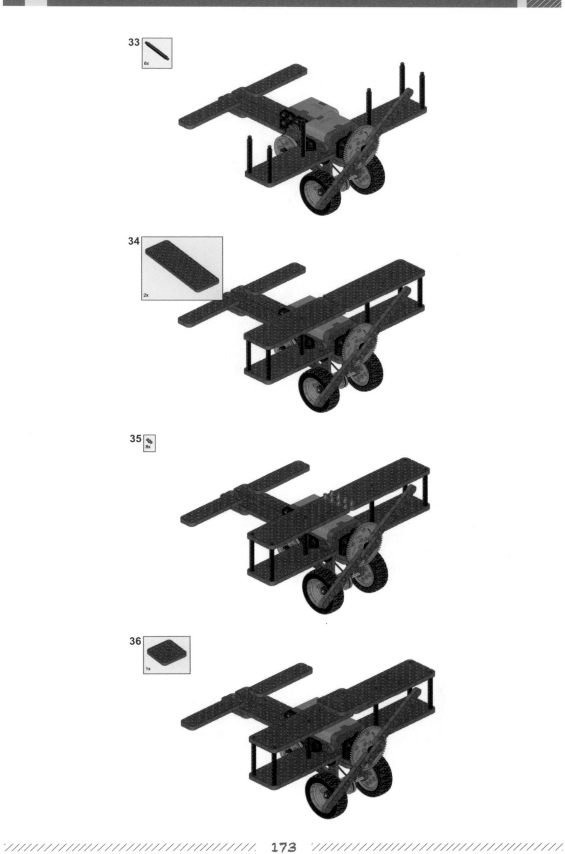

3.6.3　编程任务

1. 电动机配置

端口配置	port1	port2
端口名称	luoxuan	zhixing
功能	螺旋桨	行走

2. 遥控器

1）用操纵杆 A 通道控制前后。

2）用按钮 E Up 控制螺旋桨正转，按钮 E Down 控制螺旋桨停止。

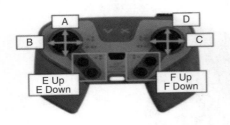

遥控器

VEX IQ 遥控器两个操纵杆有四个通道（A、B、C、D），以及四组按钮（L、R、E、F），都可以进行独立的编程。

那么 A、B、C、D 四个通道的范围是多大呢？

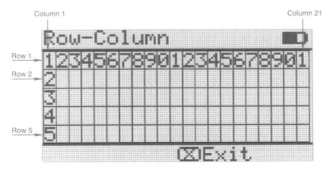

操纵杆通道（主控器可以显示 5 行 21 列）

清除所有行，可以更新变量的值。

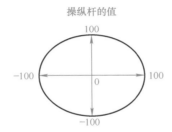

清除行

长动模式：按一下按钮一直动，按指定按钮停止。

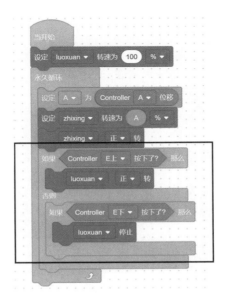

长动模式

点动模式：用按钮 E Up 控制螺旋桨正转，按钮 E Down 控制螺旋桨反转，松开按钮螺旋桨停止。

点动模式（按一下按钮动一下，松开按钮停止）

3.6.4　课程总结

长动模式与点动模式的区别？

1）长动模式是按下一个按钮一直动；

2）点动模式是按一下按钮动一下；

3）区别是 else 里面是否有电动机速度为 0。

第 4 章

VEX IQ飞金点石（Slapshot）方案

4.1　搭建零件

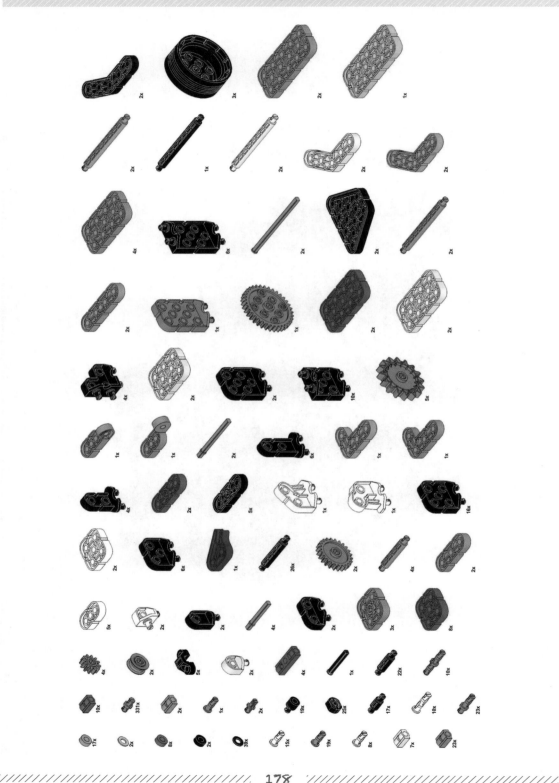

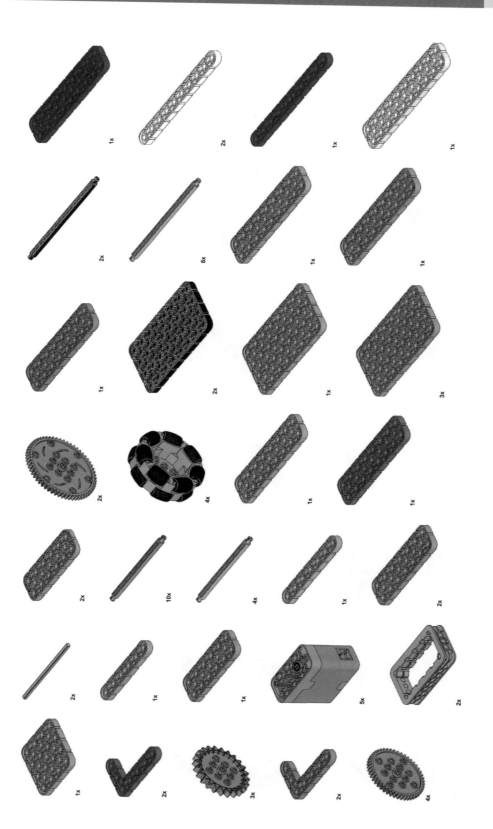

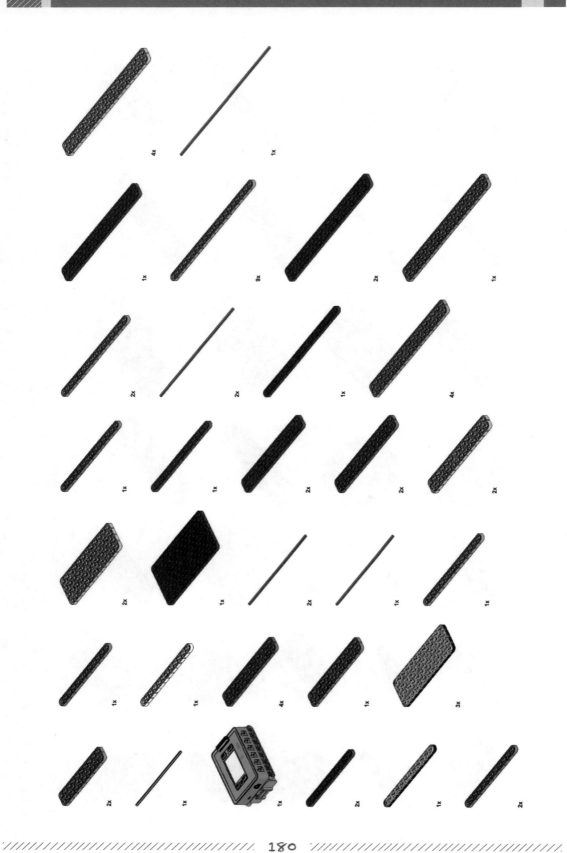

4.2 搭建步骤

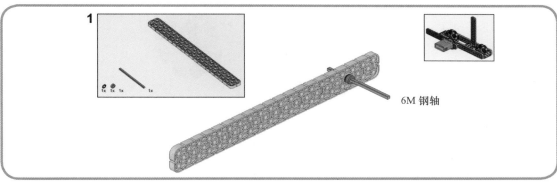

6M 钢轴

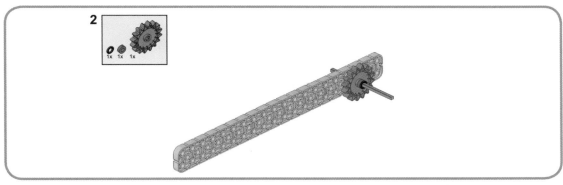

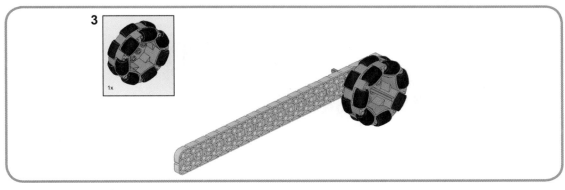

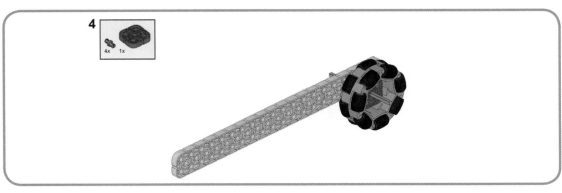

5

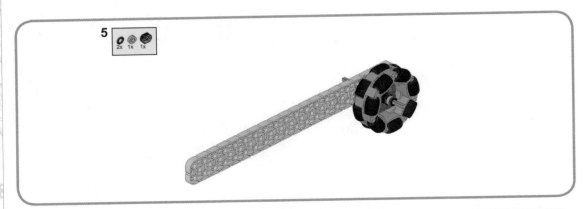

6

7

5M 钉头钢轴

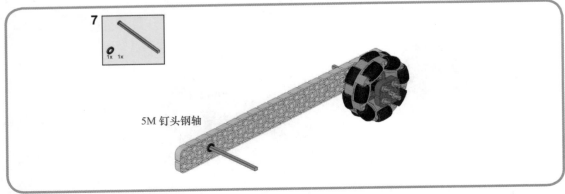

8

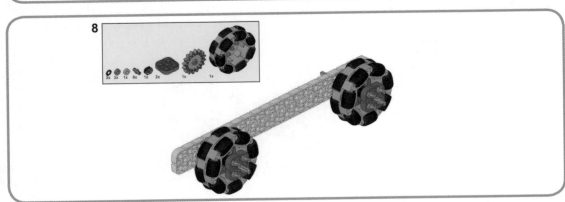

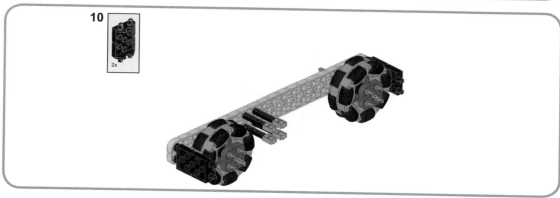

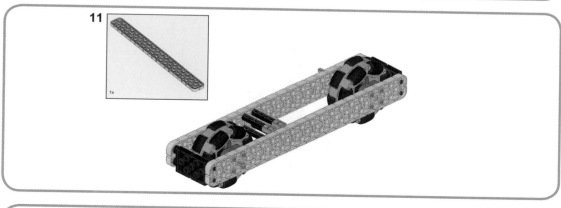

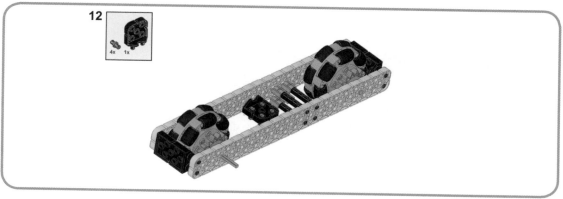

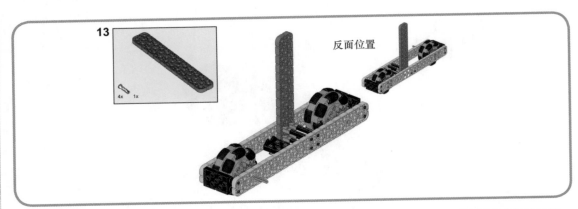

反面位置

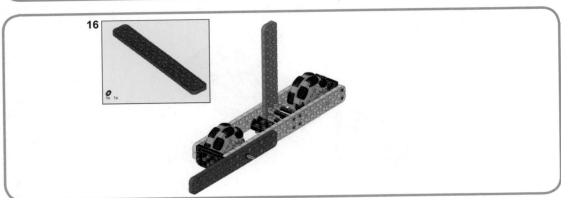

17

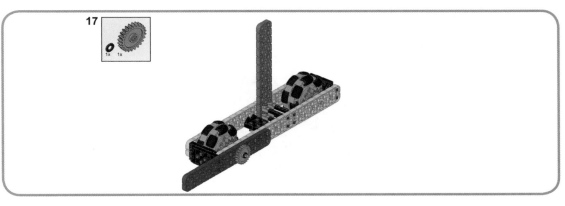

18

2.5M 电动机钢轴

19

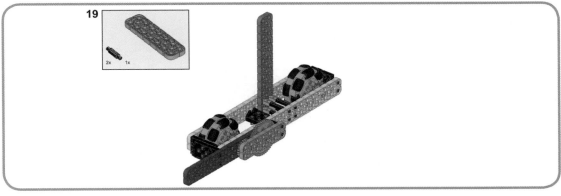

20

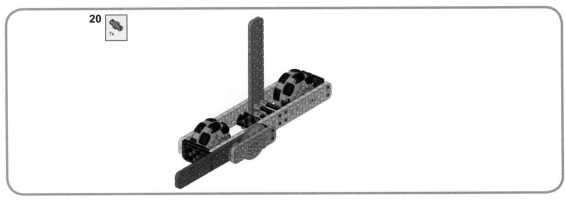

21

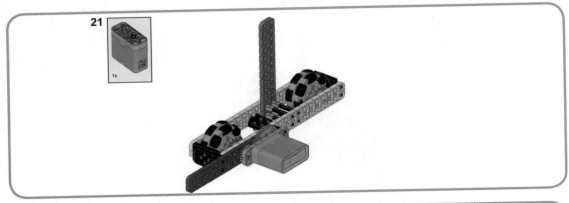

22

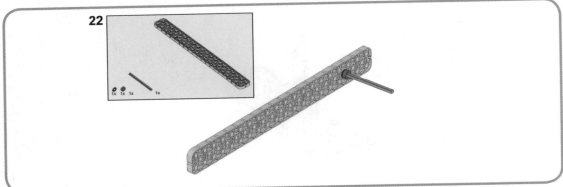

23

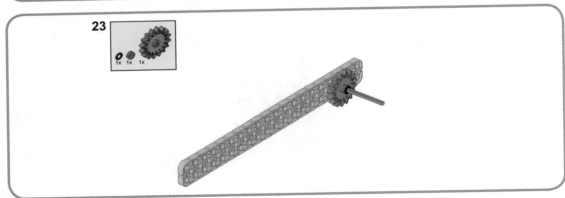

24

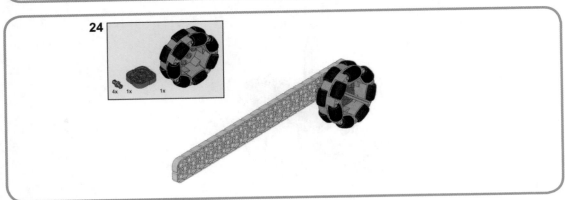

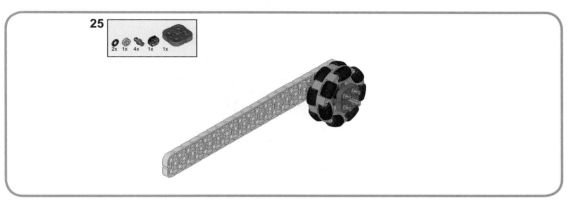

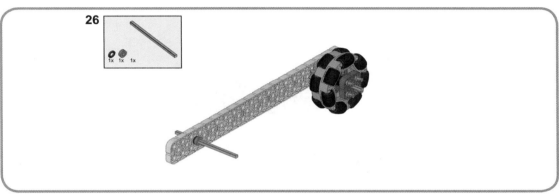

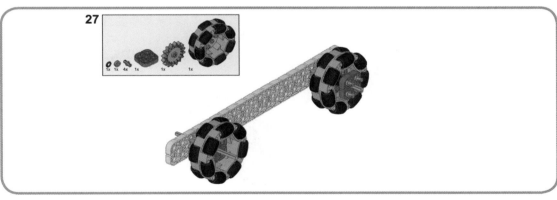

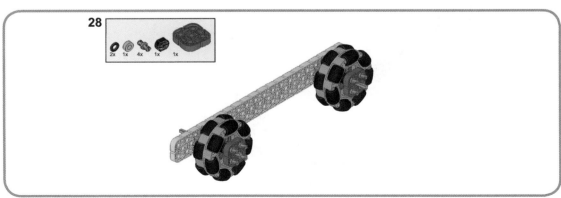

29

30

31

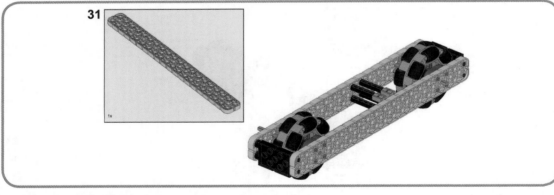

32

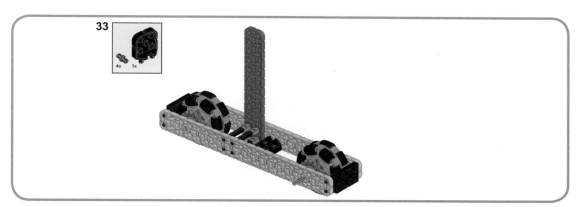

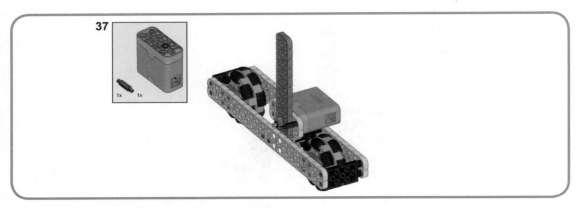

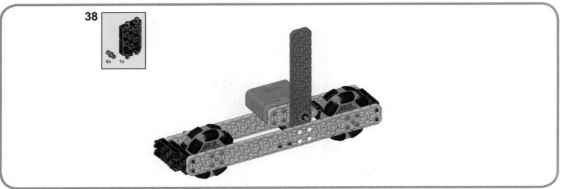

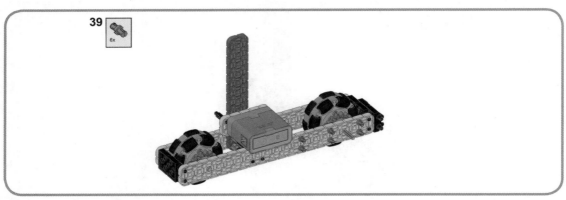

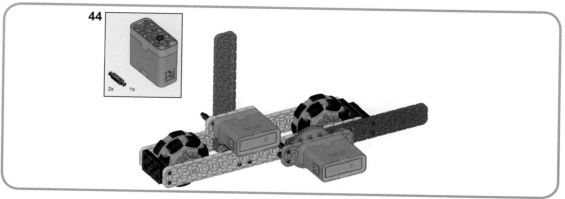

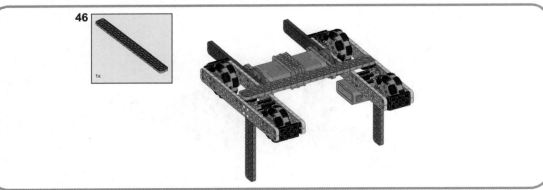

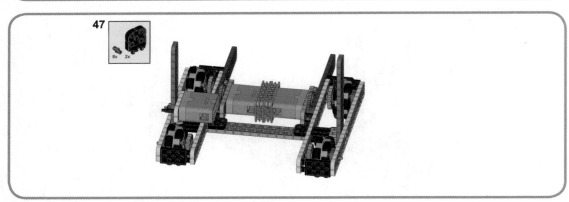

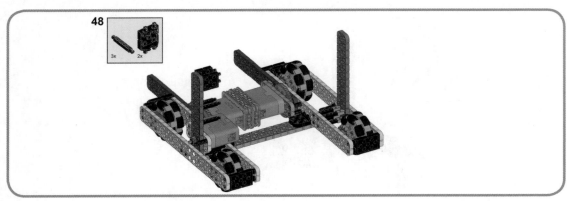

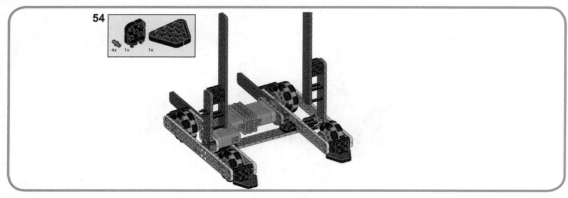

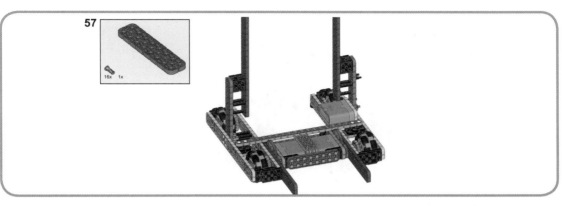

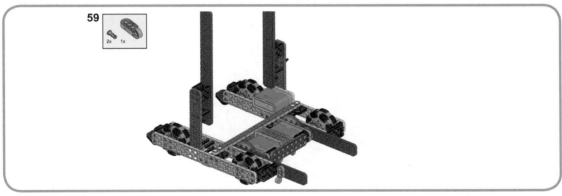

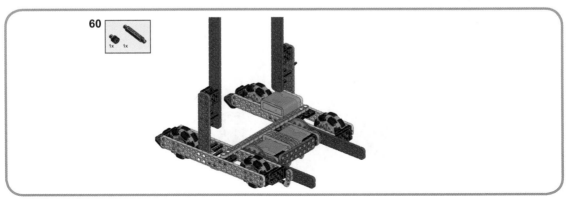

61

62

63

64

65

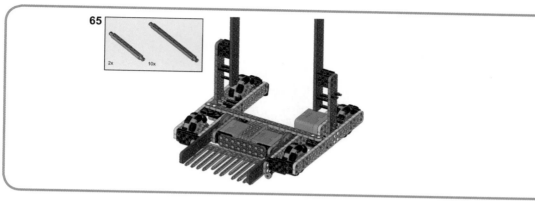

66

67

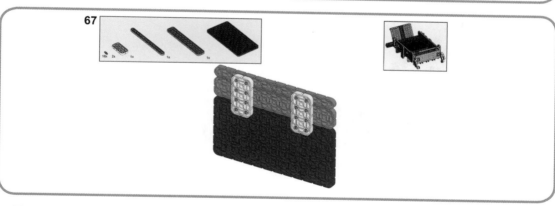

68

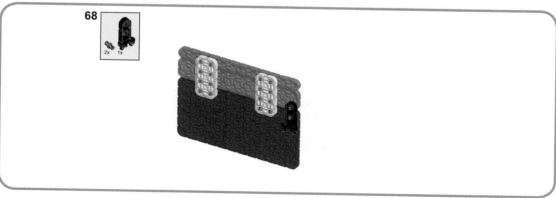

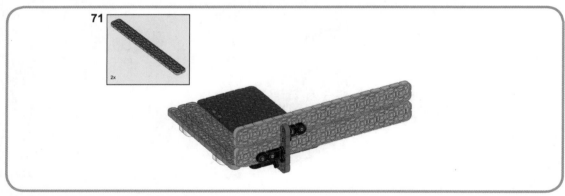

73

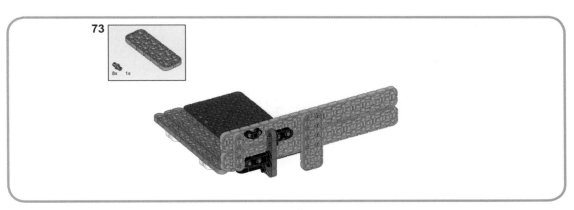

74

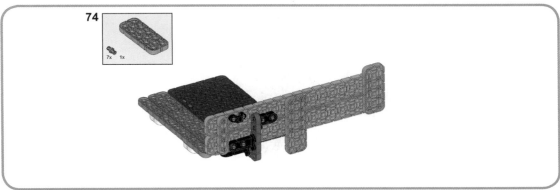

75

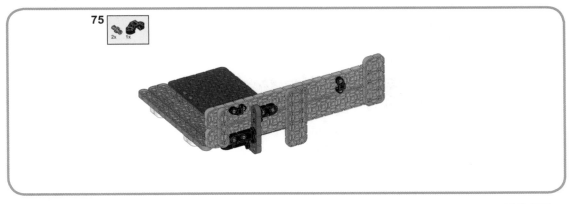

76

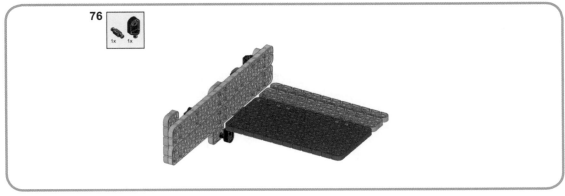

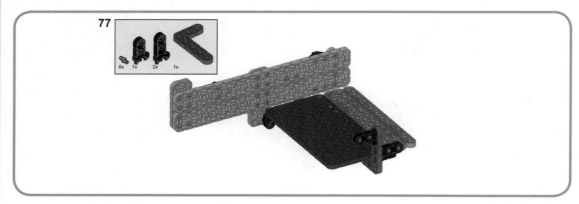

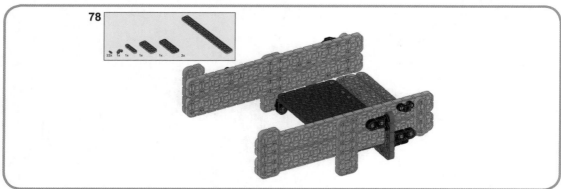

放入二代转角

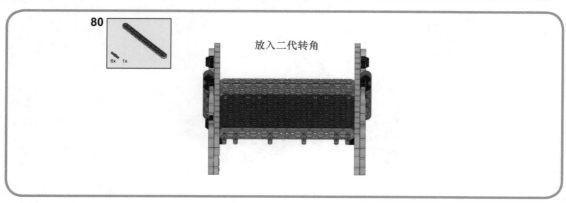

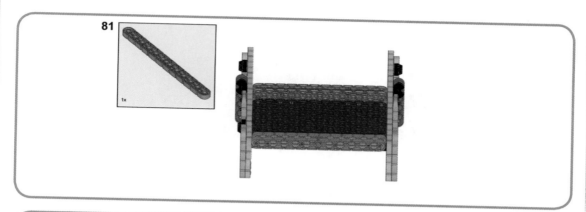

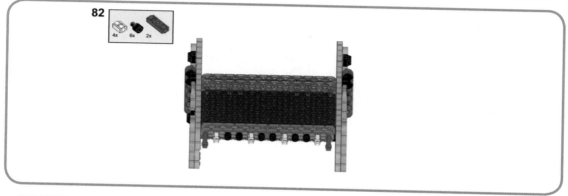

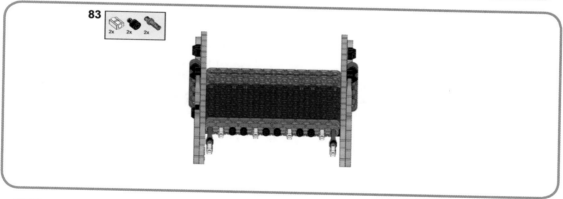

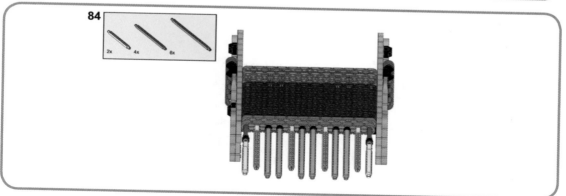

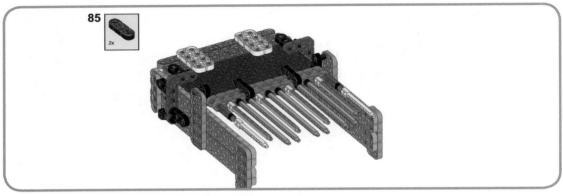

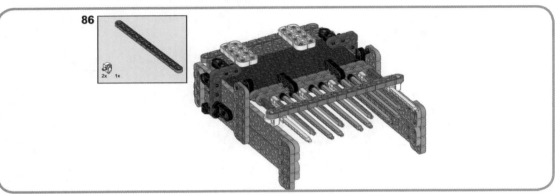

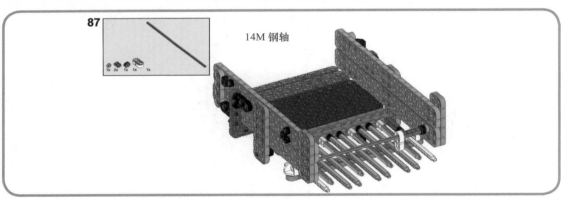

14M 钢轴

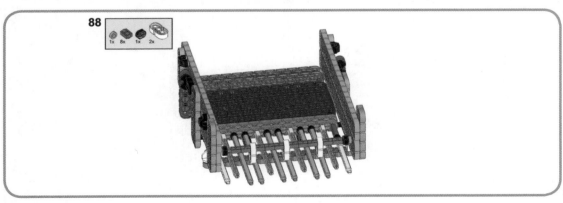

89

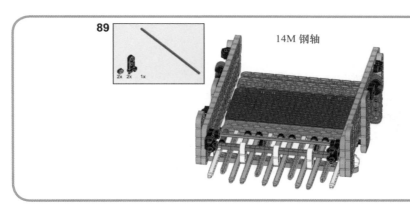

14M 钢轴

90

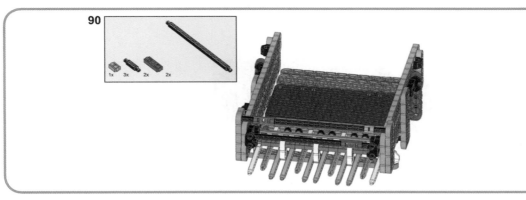

91

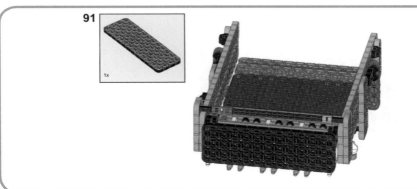

92

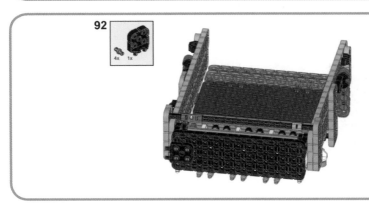

93

45°

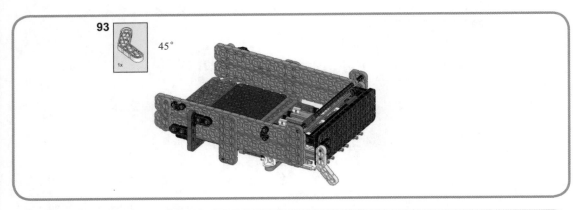

94

95

96

97

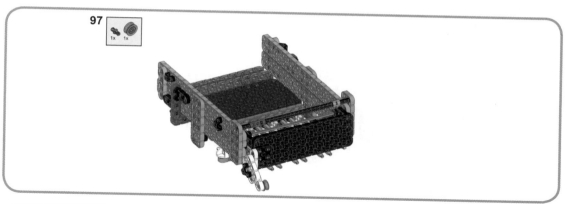

98

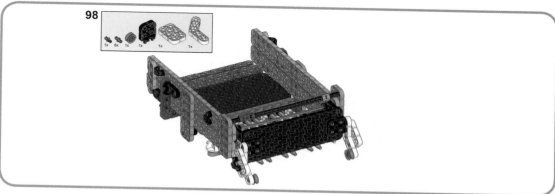

99

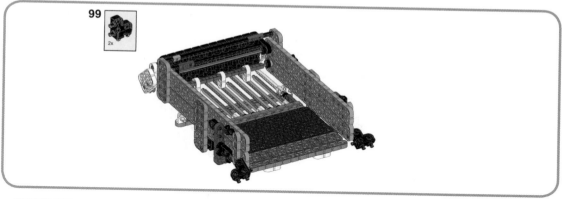

100

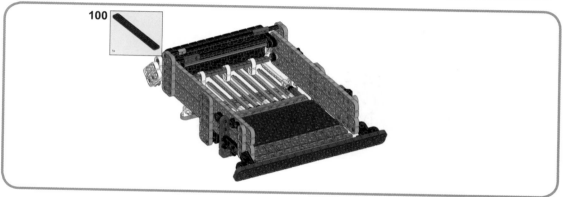

101

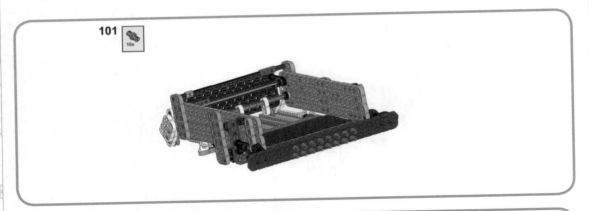

102

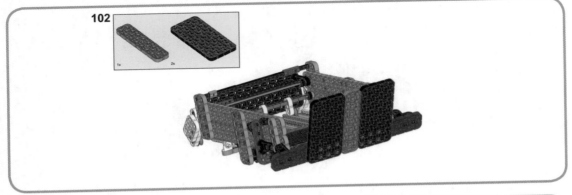

103

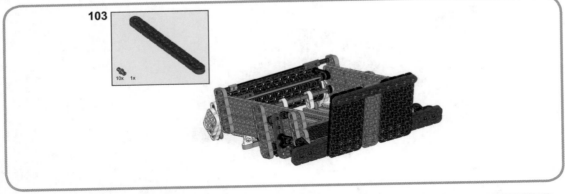

104

105

106

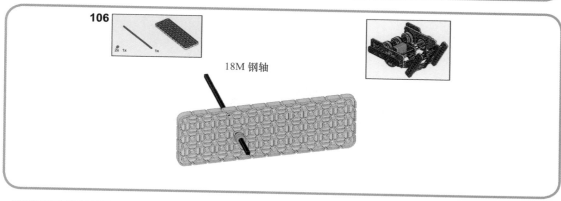

18M 钢轴

107

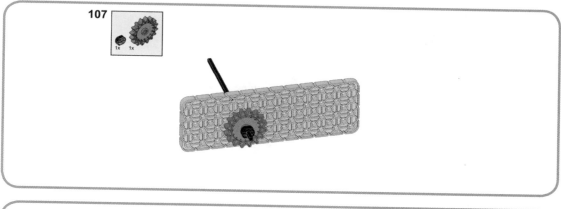

108

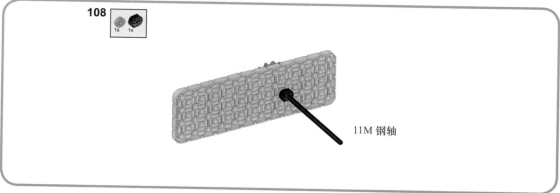

11M 钢轴

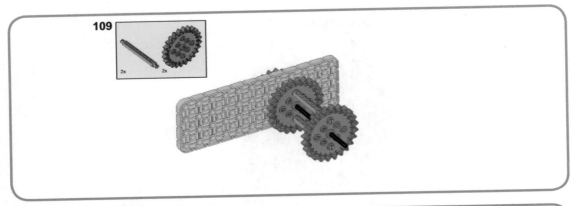

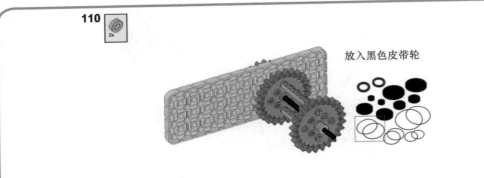

放入黑色皮带轮

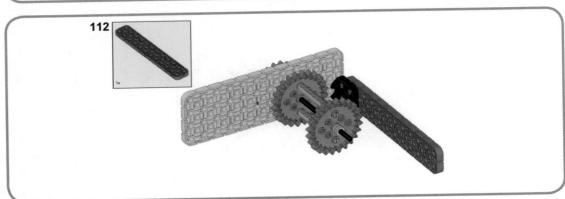

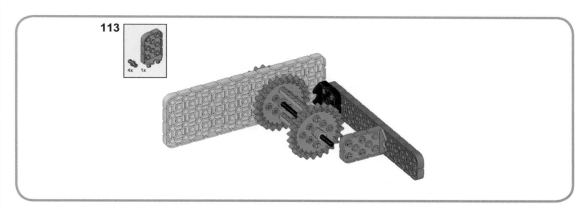

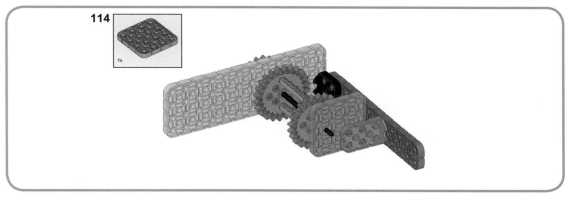

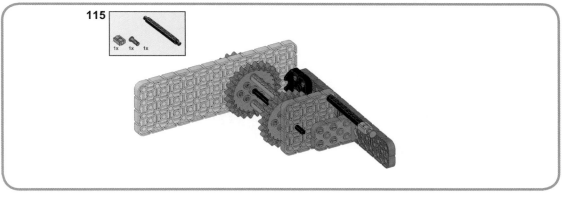

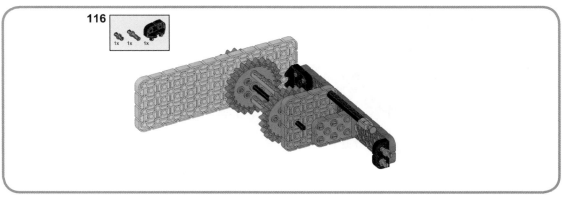

117

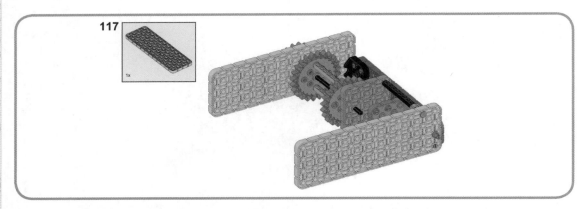

118

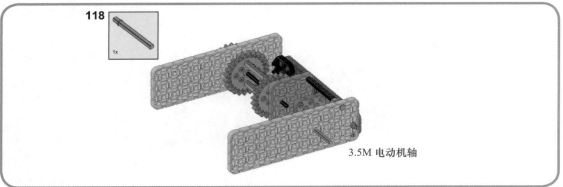

3.5M 电动机轴

119

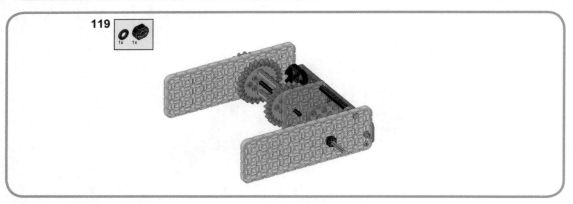

120

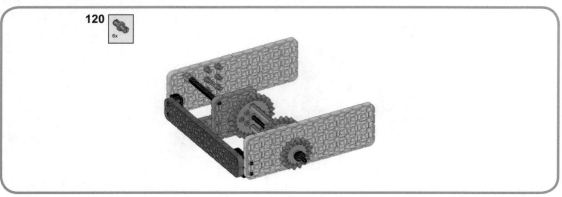

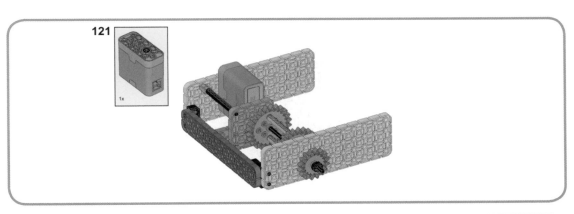

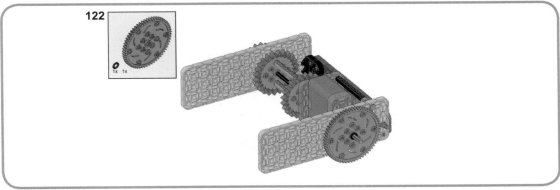

3.5M 电动机轴

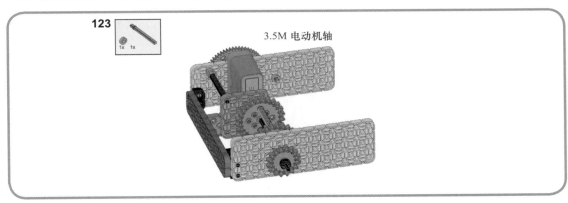

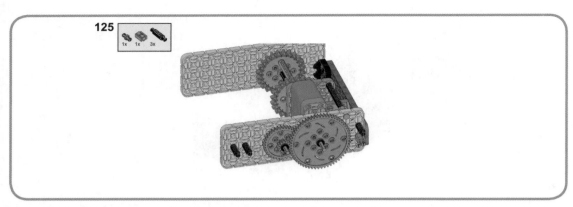

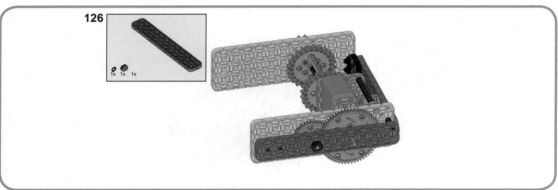

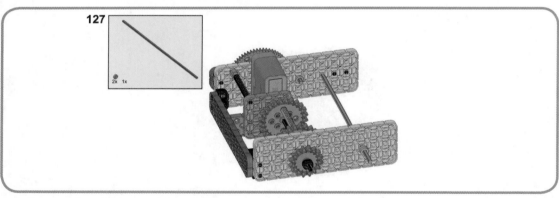

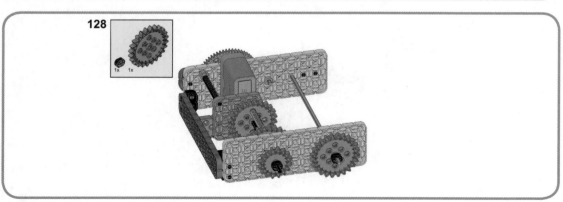

129

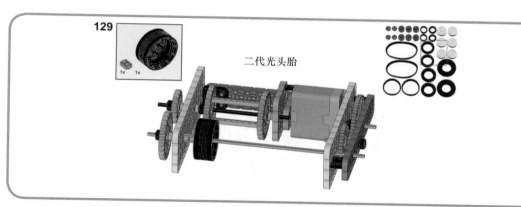

二代光头胎

130

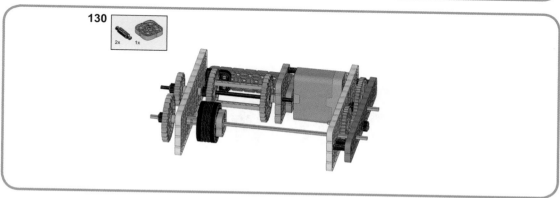

131

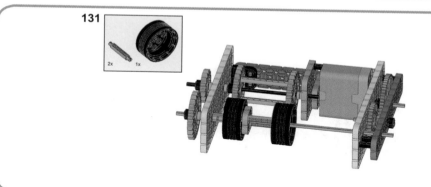

132

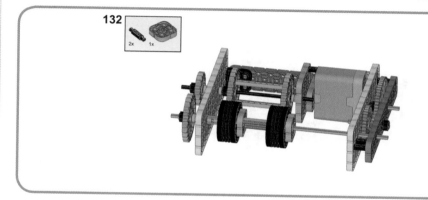

133

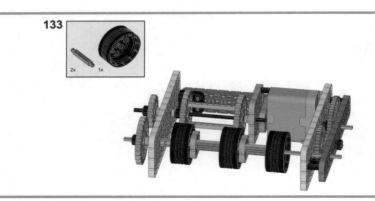

134

135

136

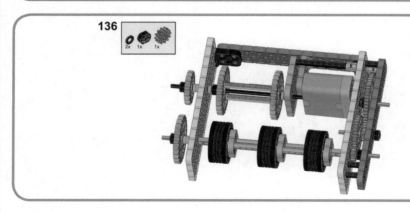

137

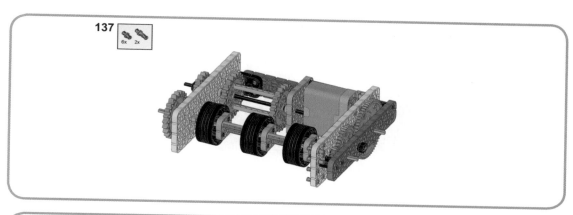

138

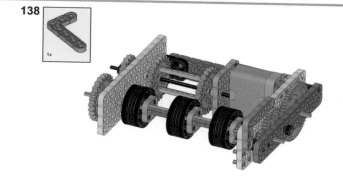

139

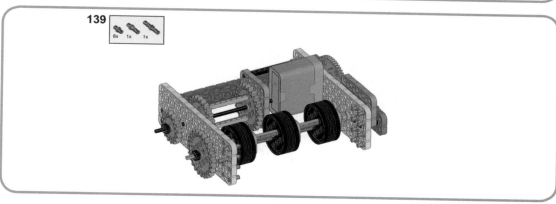

140

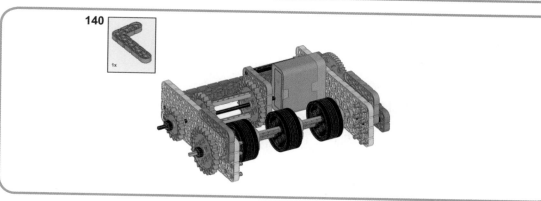

141

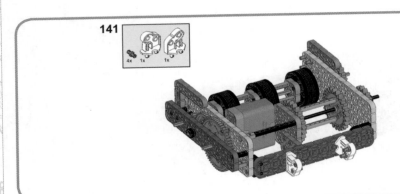

142

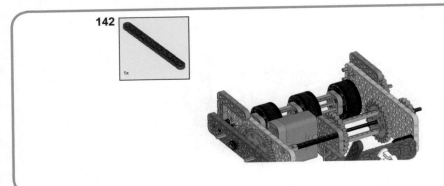

143

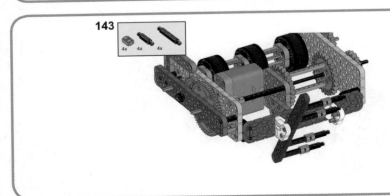

144

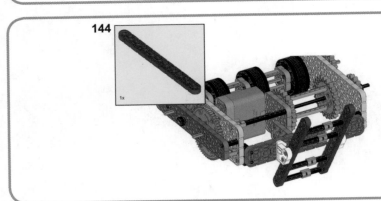

145

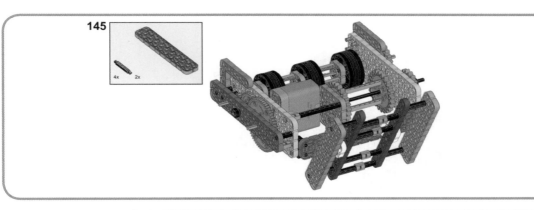

146

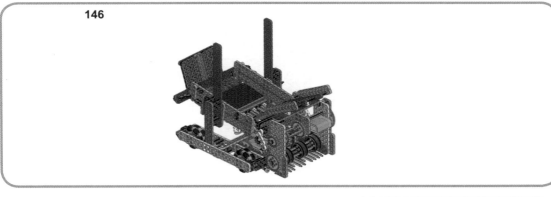

147

148

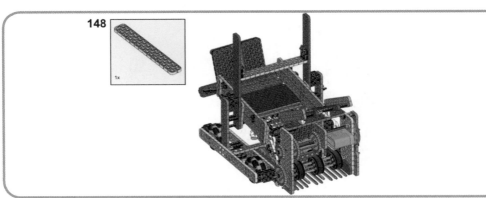

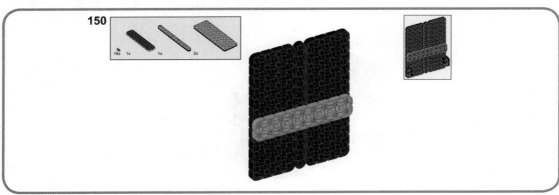

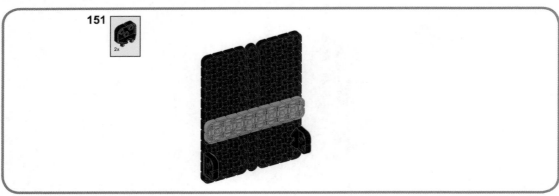

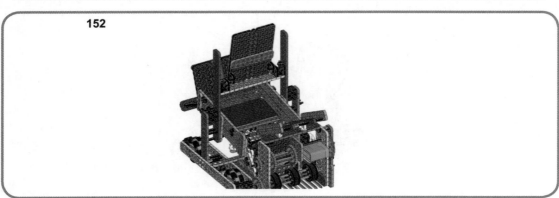

153

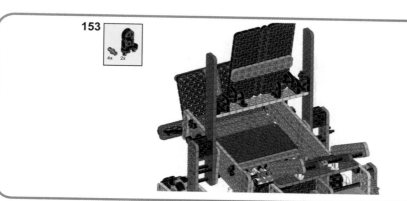

154

155

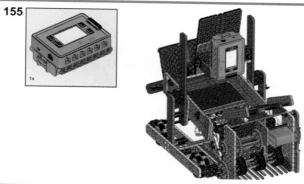

156

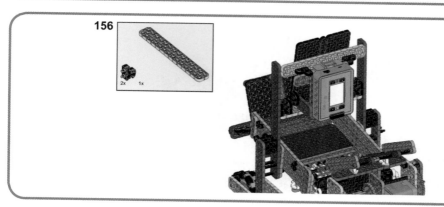

157

158

159

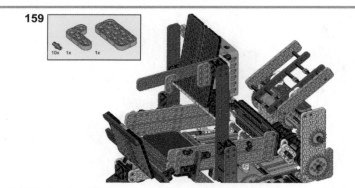

160

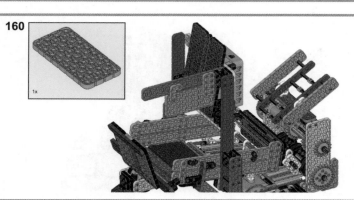

161

1x

162

4x 2x 1x

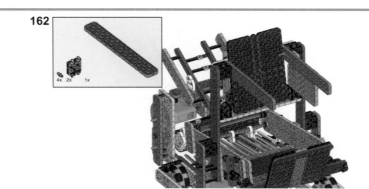

163

8x 1x 1x

164

1x

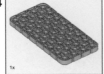

165

4x

166

1x

167

2x 1x 1x

2.5M 电动机钢轴

168

1x 1x 1x

18M 钢轴

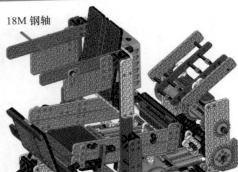

169

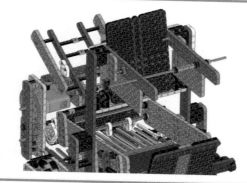

170

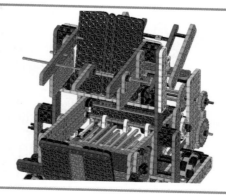

171

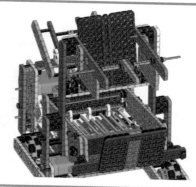

172

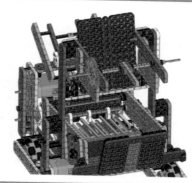

173

3x

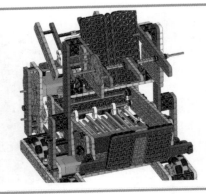

174

1x

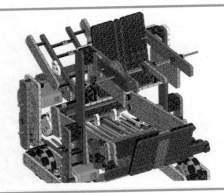

175

4x

176

1x

177

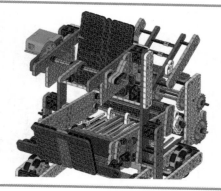

178

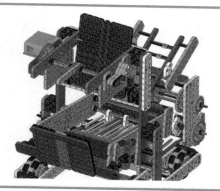

179

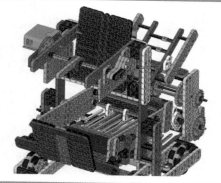

180

181

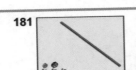

14M 钢轴

182

183

184

185

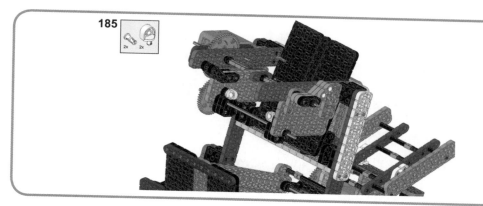

186

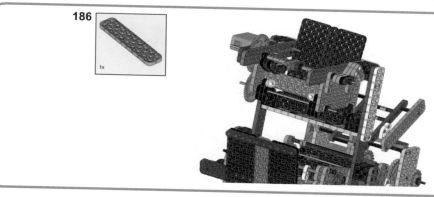

187

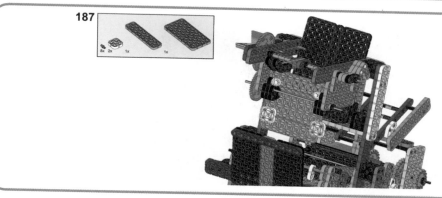

188

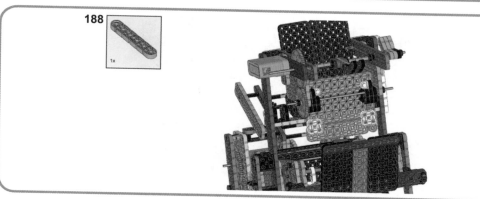

189

6x 2x

190

2x

191

4x 1x

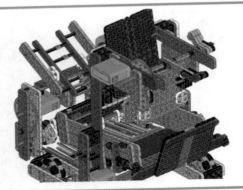

192

1x 1x 1x

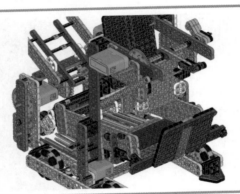

193

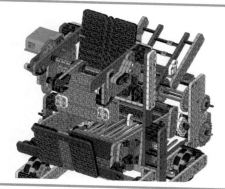

194

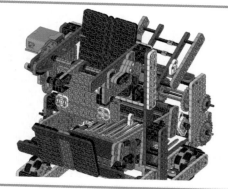

195

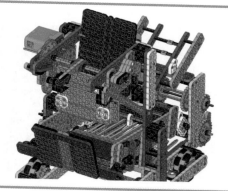

196

197

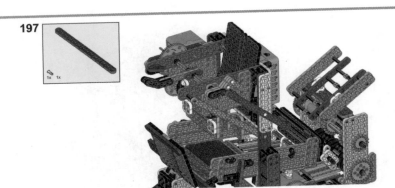

198

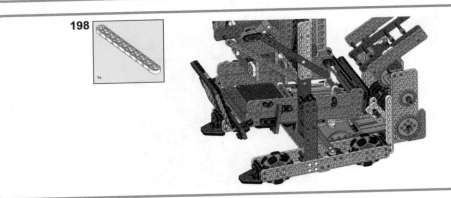

199

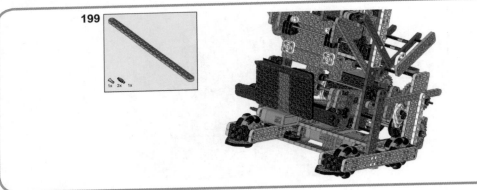

200

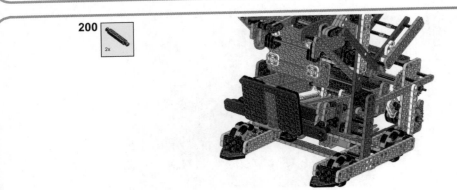

201

202

203

204

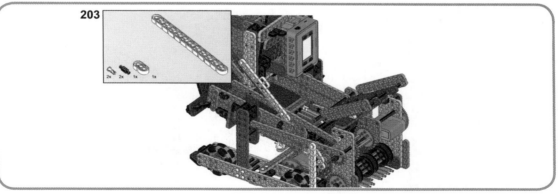

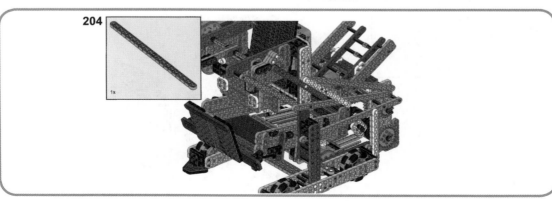

205

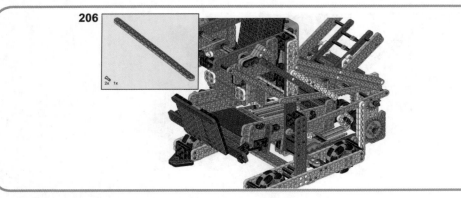

206

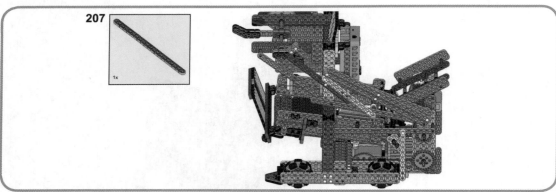

207

208

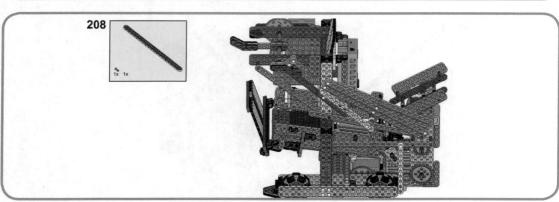

209

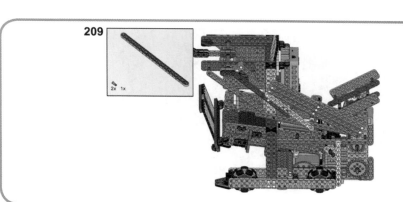

2x　1x

210

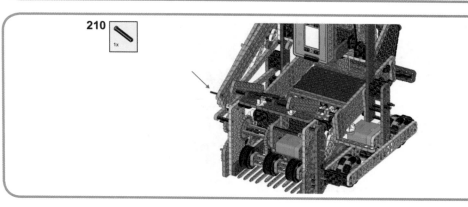

1x

211

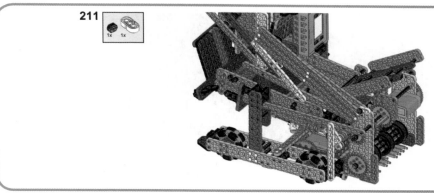

1x　1x

212

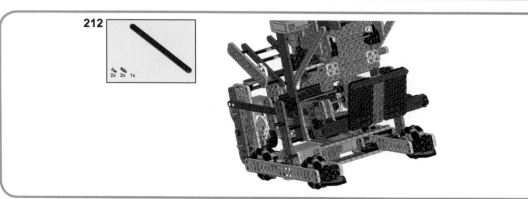

2x　2x　1x

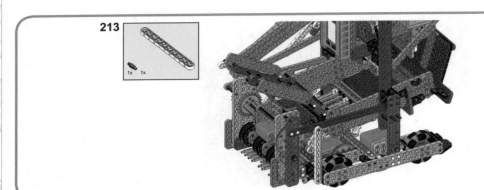

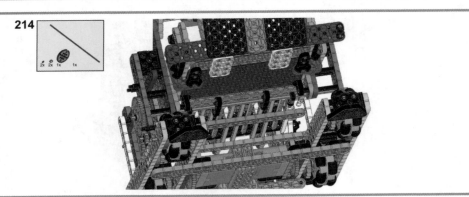

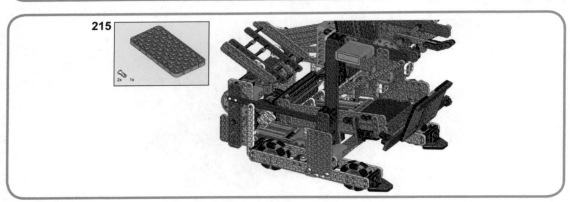

4.3　程序讲解

1. 端口配置

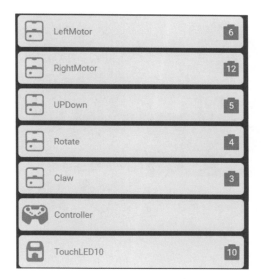

端口	port3	port4	port5	port6	port10	port12
名称	Claw	Rotate	UpDown	LeftMotor	TouchLED10	RightMotor
正反转	否	是	是	是		是
功能	钩子	滚筒	兜子	左电动机		右电动机
备注	蓝塔任务	紫色任务与滚筒发射	黄色任务	底盘左电动机		底盘右电动机

2. 程序说明

(1) 底盘程序讲解

设置变量 A 与 C，分别得到操纵杆通道值。

通过绝对值的方式，进行操纵杆阈值保护，当变量 A 的绝对值小于 10 时，包含 –10 ~ 10 区间，让变量 A 为 0，防止由于操纵杆位置的偏移导致机器自动缓慢行驶。同理变量 C 也同样设置。

针对电动机，一定要先设置速度，然后进行旋转。只有速度没有旋转，机器无法运动。

加入刹车方式，设置底盘刹车方式：刹车。

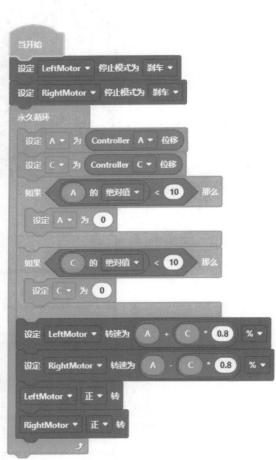

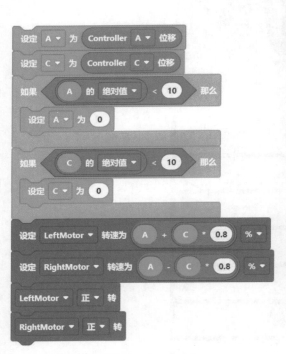

(2) 滚筒程序讲解

E 下按钮：采用变速设置，可以进行 100% 的速度与 70% 的速度调整。

飞轮正反转与停止设置，当变量 zhuan 为 1 时，飞轮正转；当变量 zhuan 为 –1 时，飞轮反转；当变量 zhuan 为 0 时，飞轮停止。

F 上按钮：按一下正转，再按下停止。

F 下按钮：按一下反转，再按下停止。

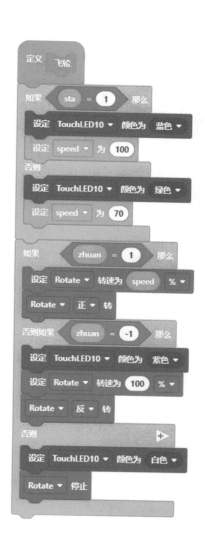

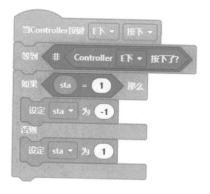

（3）兜子程序讲解

　　兜子的初始位置为靠后位置，调整好位置，再选程序。进入程序后，当前的兜子电动机角度为 0°。

　　兜子进行限位保护，防止电动机堵转，过热。当兜子电动机角度小于 0° 时，无法反转，需要正转 20° 进行反向保护。同理，当兜子电动机角度大于 280° 时，无法正转，需要反转 15° 进行反向保护。当变量 zhuan 为 −1，滚筒反转的时候，兜子转至 160°，做紫色任务，兜子处于水平位置，防止碟盘滑下去卡碟。

（4）钩子程序讲解

钩子的初始位置为水平位置，调整好位置，再选程序。进入程序后，当前的钩子电动机角度为0°。

当L上按钮按下，钩子电动机转至180°，将蓝色碟架顶起来，橙色碟掉落在机器尾部收集框里，当L上按钮松开，钩子电动机转至0°，恢复水平位置。

当L下按钮按下，钩子电动机转至-180°，机器尾部收集框打开，橙色碟掉入兜子，当L下按钮松开，钩子电动机转至0°，恢复水平位置。

当E上按钮按下，伸展臂进行伸展。

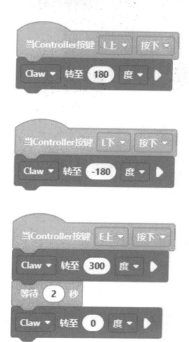

（5）打印讲解

打印重要参数。

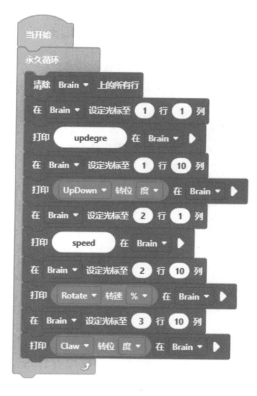

（6）完整程序

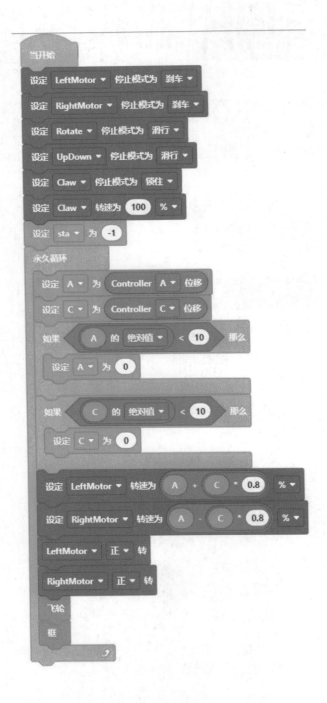